普通高等教育“十三五”规划教材

大学计算机信息素养实验指导

主　编　卢　山

副主编　江　成　李欣午　郭高卉子

中国水利水电出版社
www.waterpub.com.cn
·北京·

内 容 提 要

本书以实践性和实用性为编写原则，将计算机软件基础操作分解成不同的任务，重点提高学生的动手能力和应用能力。全书各章节通过与理论教材的各章节知识点相对照，将理论内容转换为实际操作，并给出了具体的实验操作步骤，方便教师指导学生学习的同时，学生也可通过阅读进行自学。

本书既可作为大学计算机信息素养的配套实践教材，也可作为各类高等学校非计算机专业计算机应用课程的配套实验教程或者自学及相关考试参考书。

本书配有实验素材，读者可以从中国水利水电出版社网站和万水书苑免费下载，网址为：http://www.waterpub.com.cn/softdown/和 http://www.wsbookshow.com。

图书在版编目（CIP）数据

大学计算机信息素养实验指导 / 卢山主编. -- 北京：中国水利水电出版社，2017.8（2019.6 重印）
普通高等教育“十三五”规划教材
ISBN 978-7-5170-5734-5

Ⅰ. ①大… Ⅱ. ①卢… Ⅲ. ①电子计算机－高等学校－教学参考资料 Ⅳ. ①TP3

中国版本图书馆CIP数据核字(2017)第192076号

策划编辑：石永峰　　责任编辑：周益丹　　封面设计：李　佳

书　　名	普通高等教育“十三五”规划教材 大学计算机信息素养实验指导 DAXUE JISUANJI XINXI SUYANG SHIYAN ZHIDAO
作　　者	主　编　卢　山 副主编　江　成　李欣午　郭高卉子
出版发行	中国水利水电出版社 （北京市海淀区玉渊潭南路 1 号 D 座　100038） 网址：www.waterpub.com.cn E-mail：mchannel@263.net（万水） sales@waterpub.com.cn 电话：（010）68367658（营销中心）、82562819（万水）
经　　售	全国各地新华书店和相关出版物销售网点
排　　版	北京万水电子信息有限公司
印　　刷	三河市铭浩彩色印装有限公司
规　　格	184mm×260mm　16 开本　7.75 印张　186 千字
版　　次	2017 年 8 月第 1 版　2019 年 6 月第 3 次印刷
印　　数	5001—7000 册
定　　价	20.00 元

前　　言

本书以提高大学生计算机信息素养为前提，通过对计算机操作系统、文字处理软件 Word、电子表格处理软件 Excel、演示文档软件 PowerPoint 等知识点的讲述，让学生能够掌握基本的计算机操作技能。为提高学生的应用能力和学习能力，在计算机信息素养应用的前提下，通过对常用软件包括 Photoshop CS6、Flash CS6 和会声会影等进行实例讲解，使学生能够多元化地学习到各种基础理论和工作、学习中常用的软件技术。

全书对知识模块结构和基本概念、技术与方法的提炼准确清晰。实验内容选用多种类型且内容丰富的应用案例。本书具有以下特点：

- 对理论教材的知识点、技术和方法进行提炼、概括和总结，便于学生巩固复习。
- 操作步骤叙述详尽，内容准确、清晰，易于理解。
- 实验内容与实际应用紧密结合，突出对学生动手能力、应用技能的培养。

本书由卢山任主编，江成、李欣午和郭高卉子任副主编。其中，卢山编写第 1 章、第 4 章和第 5 章，江成编写第 2 章和第 3 章，李欣午编写第 6 章，郭高卉子编写第 7 章和第 8 章。参与本书编写的还有杨艳红、田瑾、王纪文、于丽娜。首都经济贸易大学信息学院张军教授、高迎教授对本书的编写给予了很大的帮助，提出了许多宝贵意见和建议，在此编者向他们表示衷心感谢。

由于编者水平有限，虽尽力跟踪最新技术应用，书中也难免有疏漏之处，恳请读者不吝批评指正。

作　者

2017 年 7 月

目　录

第 1 章　计算机基础知识

实验 1-1　各种进制数的表示

任务 1：十进制数的表示

1. 实验目的

掌握十进制数的表示方法。

2. 实验内容

练习十进制数的表示。

3. 实验步骤/操作指导

十进制数是人们十分熟悉的计数体制。它用 0、1、2、3、4、5、6、7、8、9 十个数字符号，按照一定规律排列起来表示数值的大小。

任意一个十进制数，如 628 可表示为$(628)_{10}$、$[628]_{10}$或 628D。

【例 1-1】十进制数$[X]_{10}=654.16$，可以写成：

解：$[X]_{10}=[654.16]_{10}$

$=6\times10^2+5\times10^1+4\times10^0+1\times10^{-1}+6\times10^{-2}$

从这个十进制数的表达式中，可以得到十进制数的特点：

（1）每一个位置（数位）只能出现十个数字符号 0～9 中的其中一个。通常把这些符号的个数称为基数，十进制数的基数为 10。

（2）同一个数字符号在不同的位置代表的数值是不同的。上例中，左右两边的数字都是 6，但右边第一位数的数值为 0.06，而左边第一位数的数值为 600。

（3）十进制的基本运算规则是“逢十进一”。上例中，小数点左边第一位为个位，记作10^0；第二位为十位，记作10^1；第三位为百位，记作10^2；小数点右边第一位为十分位，记作10^{-1}；第二位为百分位，记作10^{-2}；通常把10^{-2}、10^{-1}、10^0、10^1、10^2等称为是对应数位的权，各数位的权都是基数的幂。每个数位对应的数字符号称为系数。显然，某数位的数值等于该位的系数和权的乘积。

一般地说，n 位十进制正数$[X]_{10}=a_{n-1}a_{n-2}\ldots a_1a_0$可表达为以下形式：

$$[X]_{10}=a_{n-1}\times10^{n-1}+a_{n-2}\times10^{n-2}+\ldots+a_1\times10^1+a_0\times10^0$$

式中a_0、a_1、…、a_{n-1}为各数位的系数（a_i是第 i 位的系数），它可以取 0～9 十个数字符号中任意一个；10^0、10^1、…、10^{n-1}为各数位的权；$[X]_{10}$中下标 10 表示 X 是十进制数，十进制数的括号也经常被省略。

任务 2：二进制数的表示

1. 实验目的

掌握二进制数的表示方法。

2. 实验内容

练习二进制数的表示。

3. 实验步骤/操作指导

与十进制类似，二进制的基数为 2，即二进制中只有两个数字符号（0 和 1）。二进制的基本运算规则是“逢二进一”，各位的权为 2 的幂。

任意一个二进制数，如 110 可表示为$(110)_2$、$[110]_2$或 110B。

一般地说，n 位二进制正整数$[X]_2$表达式可以写成：

$$[X]_2=a_{n-1}\times2^{n-1}+a_{n-2}\times2^{n-2}+\ldots+a_1\times2^1+a_0\times2^0$$

式中 a_0、a_1、…、a_{n-1} 为系数，可取 0 或 1 两种值；2^0、2^1、…、2^{n-1} 为各数位的权。表 1-1 列出了常用各种进制数的表示方法。

表 1-1 计算机中常用的各种进制数的表示

进位制	十进制	二进制	八进制	十六进制
基本符号	0，1，…，9	0，1	0，1，…，7	0，1，…，9，A，B，…，F
基数	r=10	r=2	r=8	r=16
位权	10^i	2^i	8^i	16^i
规则	逢十进一	逢二进一	逢八进一	逢十六进一
形式表示	D	B	O（Q）	H

【例 1-2】八位二进制数$[X]_2$=10001111，可以写成：

解：$[X]_2=[10001111]_2$

$$=1\times2^7+0\times2^6+0\times2^5+0\times2^4+1\times2^3+1\times2^2+1\times2^1+1\times2^0=[143]_{10}$$

除了使用二进制和十进制外，在计算机的应用中又经常使用八进制和十六进制。

任务 3：八进制数的表示

1. 实验目的

掌握八进制数的表示方法。

2. 实验内容

练习八进制数的表示。

3. 实验步骤/操作指导

在八进制中，基数为 8，它有 0、1、2、3、4、5、6、7 八个数字符号，八进制的基本运算规则是“逢八进一”，各数位的权是 8 的幂。

任意一个二进制数，如 127 可表示为$(139)_8$、$[139]_8$或 139Q（注意：为了区分 O 与 0，把 O 用 Q 来表示）。

n 位八进制正整数的表达式可写成：

$$[X]_8=a_{n-1}\times8^{n-1}+a_{n-2}\times8^{n-2}+\ldots+a_1\times8^1+a_0\times8^0$$

【例 1-3】八进制数$[X]_8$=173.5，可以写成：

解：$[X]_8=[173.5]_8$

$$=1\times8^2+7\times8^1+3\times8^0+5\times8^{-1}=(123.625)_{10}$$

任务 4：十六进制数的表示

1．实验目的

掌握十六进制数的表示方法。

2．实验内容

练习十六进制数的表示。

3．实验步骤/操作指导

在十六进制中，基数为 16。它有 0、1、2、3、4、5、6、7、8、9、A、B、C、D、E、F 十六个数字符号。十六进制的基本运算规则是“逢十六进一”，各数位的权为 16 的幂。

【例 1-4】十六进制数$[X]_{16}$=3AF.C8，可以写成：

解：$[X]_{16}=[3AF.C8]_{16}$

$=3\times16^2+10\times16^1+15\times16^0+12\times16^{-1}+8\times16^{-2}=(943.78125)_{10}$

综上所述，各进制数都可以用位权展开来表示，公式为：

$$N=a_{n-1}\times r^{n-1}+a_{n-2}\times r^{n-2}+\ldots+a_1\times r^1+a_0\times r^0+a_{-1}\times r^{-1}+\ldots+a_{-m}\times r^{-m}$$

总结以上四种进位计数制，可以将它们的特点概括为每一种计数制都有一个固定的基数，每一个数位可取基数中的不同数值；每一种计数制都有自己的位权，并且遵循“逢 r 进一”的原则。

实验 1-2　各种进制数的转换

任务 1：r 进制转换成十进制

1．实验目的

掌握 r 进制转换成十进制的方法。

2．实验内容

练习 r 进制转换成十进制。

3．实验步骤/操作指导

r 进制转换成十进制采用“位权法”，就是将各位数码乘以各自的权值累加求和，即按权展开求和。可用如下公式表示：

$$N=\sum_{i=-m}^{n-1} a_i \times r^i$$

【例 1-5】(11010.10)B、(236.14)O 和(2E9.C8)H 转换成十进制数。

解：$(11010.10)B = 1\times2^4+1\times2^3+0\times2^2+1\times2^1+0\times2^0+1\times2^{-1}+0\times2^{-2}=(26.5)D$

$(236.14)O = 2\times8^2+3\times8^1+6\times8^0+1\times8^{-1}+4\times8^{-2}=(158.1875)D$

$(2E9.C8)H = 2\times16^2+14\times16^1+9\times16^0+12\times16^{-1}+8\times16^{-2}=(745.78125)D$

任务 2：十进制转换成 r 进制

1．实验目的

掌握十进制转换成 r 进制的方法。

2. 实验内容

练习十进制转换成 r 进制。

3. 实验步骤/操作指导

数制之间进行转换时，通常对整数部分和小数部分分别进行转换。将十进制数转换成 r 进制数时，先将十进制数分成整数部分和小数部分，然后再利用各自的转换法则进行转换，最后在保持小数点位置不变的前提下将两部分结果写在一起。

整数部分的转换法则为：除基取余倒着读，直到商为 0 为止。

小数部分的转换法则为：乘基取整正着读，直到小数部分为 0 或达到所求的精度为止。

【例 1-6】将十进制数 207.815 转换成二进制数。

解：（1）整数部分（除 2 取余法）

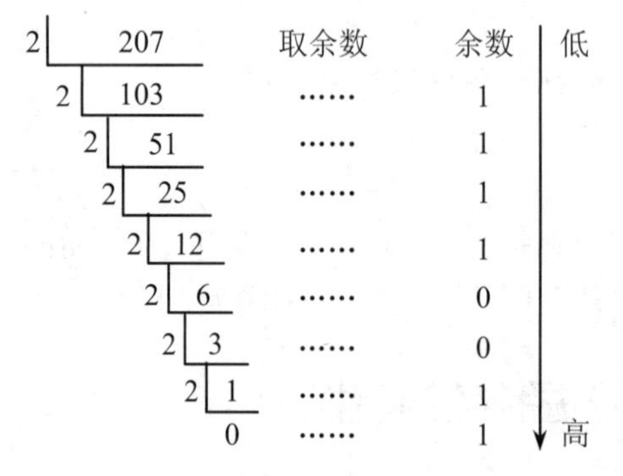

（2）小数部分（乘 2 取整法）

0.815 取整数
× 2
1.63 1 高
× 2
1.26 1
× 2
0.52 0
× 2
1.04 1 低

转换结果：(207.815)D≈(11001111.1101)B

有时小数部分可能永远不会得到 0，按所要求的精度进行取值即可。

将十进制数转换成八进制或十六进制，方法与将十进制数转换成二进制数相同，只是整数部分的“除 2 取余法”变成了“除 8 取余法”或“除 16 取余法”，小数部分的“乘 2 取整法”变成了“乘 8 取整法”或“乘 16 取整法”。

【例 1-7】将十进制数 193.12 转换成八进制数。

解：（1）整数部分（除 8 取余法）

8 193 取余数 余数 低
8 24 …… 1
8 3 …… 0
0 …… 3 高

（2）小数部分（乘 8 取整法）

0.12 取整数
× 8
0.96 0 高
× 8
7.68 7
× 8
5.44 5
× 8
3.52 4 三舍四入 低

转换结果：(193.12)D≈(301.0754)O

十进制的舍入方法为四舍五入，类似地，二进制为零舍一入；八进制为三舍四入；十六进制为七舍八入。

【例 1-8】将十进制数 69.625 转换成十六进制数。

解：（1）整数部分（除 16 取余法）

```
16| 69      取余数    余数  | 低
16| 4       ……        5   |
    0       ……        4   ↓ 高
```

（2）小数部分（乘 16 取整法）

```
[0] .625     取整数
×    16
[10] .00       A
```

转换结果：(69.625)D≈(45.A)H

任务 3：八进制和二进制之间的转换

1. 实验目的

掌握八进制和二进制之间的转换方法。

2. 实验内容

练习八进制和二进制之间的转换。

3. 实验步骤/操作指导

由表 1-2 八进制与二进制之间的关系可知，一位八进制数相当于三位二进制数，因此，要将八进制数转换成二进制数时，只需以小数点为界，向左或向右每一位八进制数用相应的三位二进制数取代即可，即“以一换三”，如果不足三位，可用零补足之。反之，二进制数转换成相应的八进制数，只是上述方法的逆过程，即以小数点为界，向左或向右每三位二进制数用相应的一位八进制数取代即可。

表 1-2 八进制与二进制之间的关系

八进制	二进制
0	000
1	001
2	010
3	011
4	100
5	101
6	110
7	111

【例 1-9】将八进制数(265.734)O 转换成二进制数。

解：2 6 5 . 7 3 4

010 110 101 111 011 100

即(265.734)O = (10110101.1110111)B

【例 1-10】将二进制数$(1100101.010011111)_B$转换成八进制数。

解：001 100 101 .010 011 111

1 4 5 2 3 7

即(1100101.010011111)B = (145.237)O

任务4：十六进制和二进制之间的转换

1．实验目的

掌握十六进制和二进制之间的转换方法。

2．实验内容

练习十六进制和二进制之间的转换。

3．实验步骤/操作指导

由表1-3十六进制与二进制之间的关系可知，一位十六进制数相当于四位二进制数，因此，要将十六进制数转换成二进制数时，只需以小数点为界，向左或向右每一位十六进制数用相应的四位二进制数取代即可，即“以一换四”，如果不足四位，可用零补足之。反之，二进制数转换成相应的十六进制数，只是上述方法的逆过程，即以小数点为界，向左或向右每四位二进制数用相应的一位十六进制数取代即可。

【例1-11】将十六进制数$(69A.BD3)_{16}$转换成二进制数。

解： 6　9　A　.　B　D　3

0110　1001　1010　1011　1101　0011

即(69A.BD3)H = (11010011010.101111010011)B

表1-3　十六进制与二进制之间的关系

十六进制	二进制	十六进制	二进制
0	0000	8	1000
1	0001	9	1001
2	0010	A	1010
3	0011	B	1011
4	0100	C	1100
5	0101	D	1101
6	0110	E	1110
7	0111	F	1111

例如：将二进制数(11101101101111.101000101)B转换成十六进制数。

0011　1011　0110　1111　.　1010　0010　1000

3　B　6　F　A　2　8

即(11101101101111.101000101)B = (3B6F.A28)H

第 2 章　计算机系统

实验 2-1　微型计算机组装

任务：计算机组装

1. 实验目的

熟悉计算机的各种配件和微机的整个装机过程。

2. 实验任务与要求

（1）识别计算机的 CPU、主板、内存、显卡、声卡、网卡、硬盘、软驱、光驱、显示器、键盘和鼠标等基本部件。

（2）了解微机的整个装机过程。

3. 实验步骤/操作指导

（1）基本部件的识别。

计算机系统的硬件标准配置包括主机、显示器、键盘、软硬盘驱动器等。随着多媒体技术的发展，多媒体套件（如光驱、声卡、网卡、音箱等）也已经成为配置计算机系统的必然选择。

● 主板

主板（Mother Board）是连通各部件的基本通道，控制着各部件之间的指令流和数据流，根据系统进程和线程的需要，所以是计算机硬件系统的核心部件，直接影响运行速度。主板的性能取决于芯片组（图 2-1）。

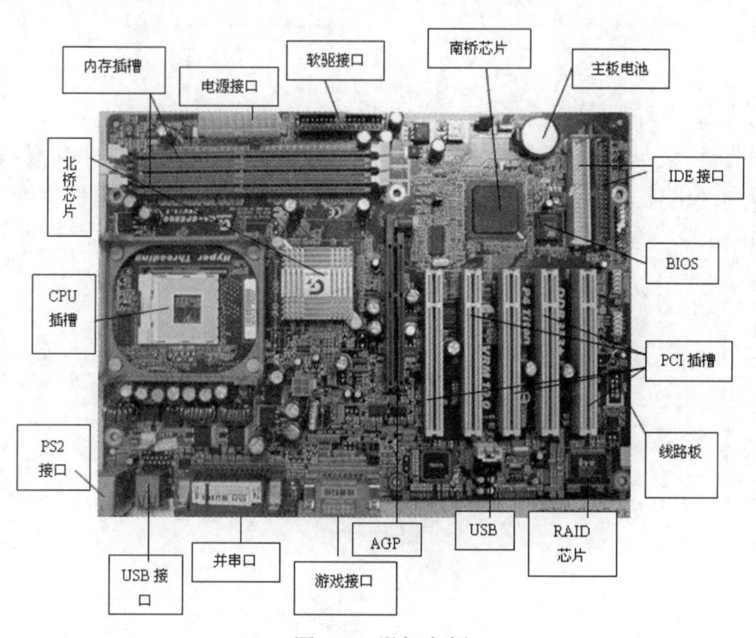

图 2-1　微机主板

主板上装有 CPU 插座、内存插槽、软硬盘插口、CPU 插槽、IDE 接口、键盘和鼠标接口等。主板有华硕、技嘉、微星、Intel、精英、梅捷、七彩虹、映泰等品牌。根据所支持 CPU 类型的不同又将主板而分为不同的型号与系列。

- 微处理器（CPU）

微处理器（Central Processing Unit，CPU）也称中央处理器，由运算器和控制器组成，是计算机系统中的核心器件，决定计算机的档次和性能（图 2-2）。

常见的微机用 CPU 有 Intel 和 AMD 两大类。Intel 系列有 Pentium D 和 Pentium EE、酷睿 i3/i5/i7 及低端的 Celeron 等，AMD 系列有低端的速龙、高端的羿龙等。随着 CPU 主频的提高，为降低功耗，工作电压从最早的 5V 已降至 1.2V，甚至更低。

- 内存条

内存 Memory 也称为存储器，程序只有装入内存方可运行。存储器容量的大小，已成为衡量计算机系统性能的一项重要指标。存储容量愈大，计算机的执行速度相对就快。

内存由内存芯片、电路板、金手指等部分组成（图 2-3）。常用内存有 168 线 SDRAM 和 RDRAM、184 线的 DDR、240 线的 DDR2 和 DDR3。各种内存之间互相不通用，插槽插口也不一样，不能强行插进去，否则会损坏内存和主板。现在主流内存是 DDR3，单条容量 1GB 以上。

图 2-2　CPU

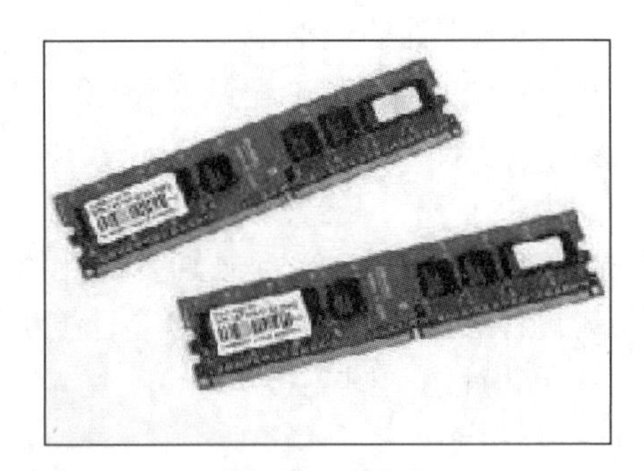

图 2-3　内存条

- 外设接口卡和功能卡

外设接口卡是外设与主机通信的接口部件。除了主板上存在一些标准设备的接口外，其他的外设均作为系统的扩展设备，它们必须配置相应的接口卡才能与主机相连。如显示卡、网卡、声卡、Modem 卡、多功能卡、USB 卡、SCSI 卡等（图 2-4 和图 2-5）。

图 2-4　显示卡

- 软盘驱动器

软盘驱动器是早期计算机系统中比较常用的外部存储器，但目前已在被淘汰阶段。以前广泛使用的软驱为3.5寸，软盘容量有720KB、1.44MB、2.88MB等规格，转速为300r/min（图2-6）。

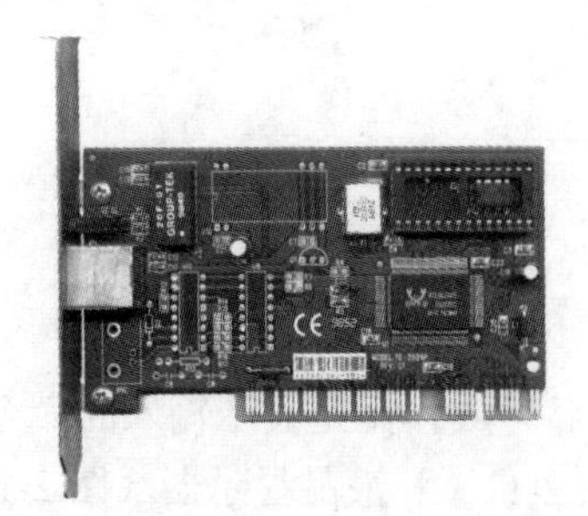

图2-5 网卡

图2-6　软盘驱动器

- 硬盘驱动器

硬盘驱动器是计算机中必不可少的重要外部存储器。常见大小有2.5寸（笔记本用）和3.5寸，硬盘容量已达2TB以上，转速为有5400r/min、7200r/min、10000r/min、15000r/min（图2-7）。

图2-7　硬盘驱动器

- 光盘驱动器

光盘驱动器也是计算机的外存储器，用于读取光盘信息的装置。存储媒体有只读光盘CD-ROM、一次刻录光盘CD-R、反复刻录光盘CD-RW（图2-8）。

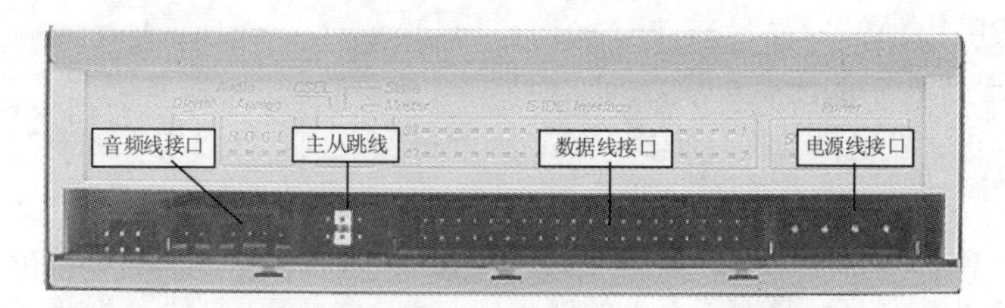

图2-8　光盘驱动器

- 键盘

键盘是计算机必备的标准输入设备。键位分为标准字符区、功能键区、编辑键区和小键盘区。键盘常用的有101键（标准键盘）、104键、107键（图2-9）。

- 鼠标

鼠标能方便地将光标定位，完成各种图形化操作，是计算机视窗操作中不可缺少的输入设备。鼠标分有线和无线两种，按其工作原理分为机械鼠标和光电鼠标（图 2-10）。

图 2-9 键盘

图 2-10 鼠标

- 显示器

显示器又称监视器，显示器是计算机重要的输出设备，其作用是显示输入的命令、数据和显示程序运行后输出。常见的显示器有 CRT 显示器（图 2-11）和液晶显示器（图 2-12）两种。

图 2-11 CRT 显示器

图 2-12 液晶显示器

CRT 显示器类型有 MDA、CGA（4 色）、EGA（16 色）、VGA（256 色）、SVGA（800×600）、TVGA（1024×768）、XGA（1024×768 和 1280×1024）。屏幕尺寸有 14 寸、15 寸、17 寸、21 寸等。点距有 0.31、0.28、0.27、0.24、0.21 等。液晶显示器屏幕尺寸有 19 寸、22 寸、24 寸等，分辨率有 1920×1080 像素、1920×1200 像素等，现在主流使用的显示器是液晶显示器。

（2）硬件安装。

1）准备计算机部件与安装工具。

要组装一台完整的多媒体计算机，应先准备好计算机的各个部件。固定计算机部件使用十字螺丝（分粗牙和细牙），所以组装计算机的基本工具是一把头部有磁性的十字起子，最好再准备镊子和尖嘴钳。

2）硬件安装过程中的注意事项。

- 防止静电。静电极易损坏集成电路。因此在安装前，最好用手触摸一下接地的导电体或洗手以释放掉身上可能携带的静电。
- 防止液体进入计算机内部。因为液体特别是汗液滴在板卡上可能造成短路而使器件损坏，所以一定要注意擦干手上的汗水。
- 使用正确的安装方法，不可粗暴安装。
- 检查各部件说明书与驱动程序盘是否齐全，并认真阅读各部件的说明书，明确它们的类型，以便正确安装驱动程序。
- 主板装进机箱前，先装上处理器与内存。此外装 AGP 与 PCI 卡时，要确定安装是否到位，因为上螺丝时，有些卡会翘起来，松脱的卡会造成工作不正常，甚至损坏。
- 计算机各个部件应做到轻拿轻放，切忌猛烈碰撞，尤其是硬盘。

- 在正式组装电脑之前，最好使用“最小系统”法验证一下各个配件的品质以及兼容性。所谓“最小系统”就是指用 CPU（包含风扇）、主板、内存、显卡、显示器、电源这几项配件构成的系统。先在机箱外面将主板、CPU、内存装好，并用电源先点一下是否能显示，如果此时“最小系统”能够顺利点亮，再正式组装。

3）主板的安装。

- CPU 的安装

在安装 CPU 之前，要先打开插座，方法是：用适当的力向下微压固定 CPU 的压杆，同时用力往外推压杆，使其脱离固定卡扣。在安装处理器时，需要特别注意，在 CPU 处理器的一角上有一个三角形的标识，另外仔细观察主板上的 CPU 插座，同样会发现一个三角形的标识。在安装时，处理器上印有三角标识的那个角要与主板上印有三角标识的那个角对齐，然后慢慢地将处理器轻压到位。这不仅适用于英特尔的处理器，而且适用于目前所有的处理器，特别是对于采用针脚设计的处理器而言，如果方向不对则无法将 CPU 安装到全部位，在安装时要特别的注意（图 2-13）。

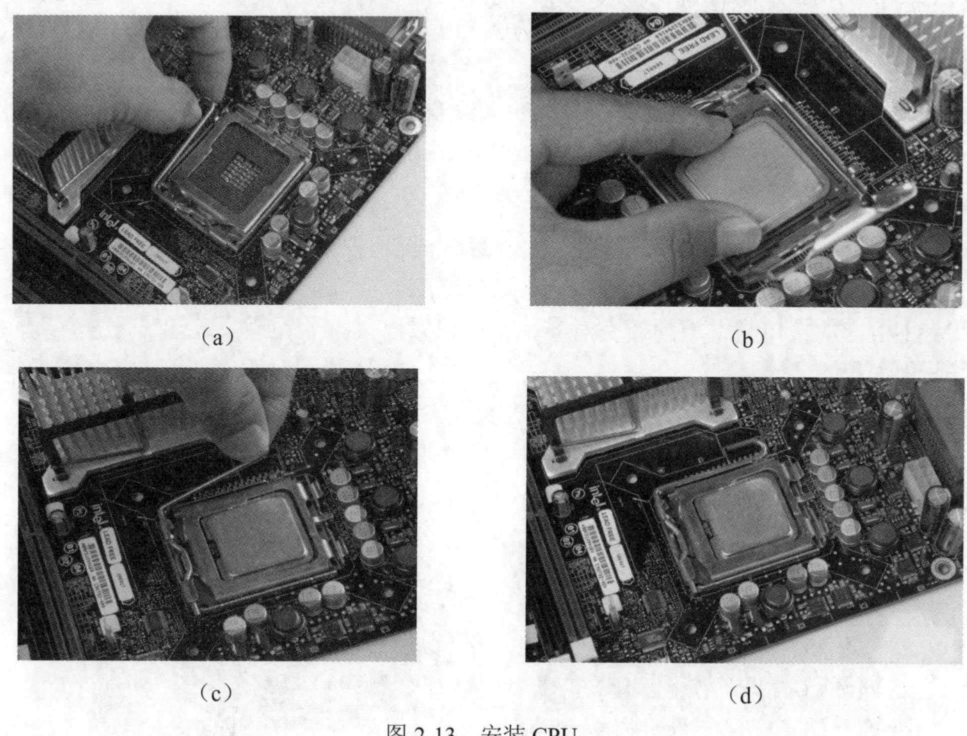

（a）　（b）　（c）　（d）

图 2-13　安装 CPU

- 安装散热器（风扇）

安装时，将散热器的四角对准主板相应的位置，然后用力压下四角扣具即可。有些散热器采用了螺丝设计，因此在安装时还要在主板背面相应的位置安放螺母（图 2-14）。

- 内存条安装

将内存插槽两侧的白色卡扣扳开。用双手拇指和食指握住内存条两端，将内存条上的缺口对准内存槽上的“凸起”，两手同时用力垂直往下按，直到插槽两边卡子弹起并卡住内存两端的缺口为止，此时一般会听到“咔”的一声。如果只有一条内存条，最好插在离 CPU 较近的内存槽上（图 2-15）。

图 2-14 安装散热器

图 2-15 安装内存条

- 主板安装

主板上装好 CPU 和内存后，就可以将主板装入机箱中。

①拆开机箱后部的对应挡片。

②将主板上的接口与机箱的镂空对齐，使接口露出来。

③固定主板。

目前，大部分主板板型为 ATX 或 MATX 结构，因此机箱的设计一般都符合这种标准。在安装主板之前，先将装机箱提供的主板垫脚螺母安放到机箱主板托架的对应位置（有些机箱购买时就已经安装）（图 2-16）。

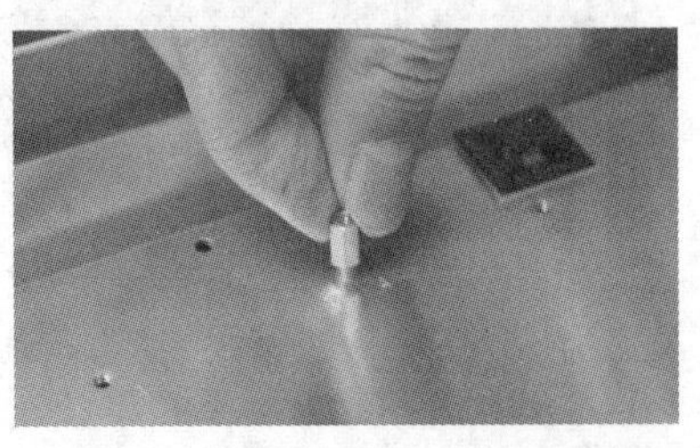
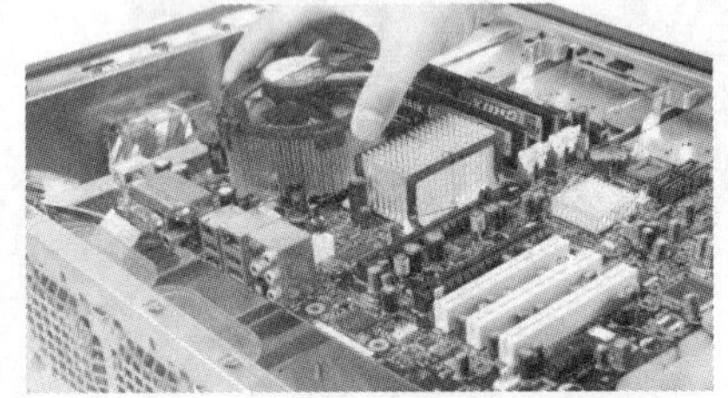

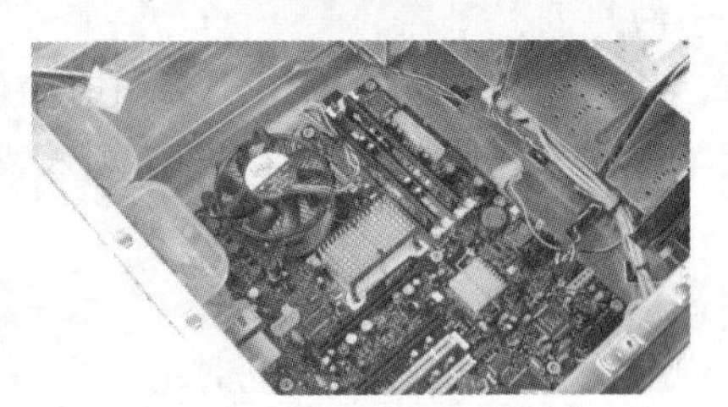

图 2-16 安装及固定主板

4）安装电源和连接主板上的电源插座。

● 将电源放进机箱的电源位并固定。

ATX 电源提供三组插头，这些插头的功能如图 2-17（a）所示。主板上有主板电源插座如图 2-17（b）所示，为防止插反，插座上有半圆孔，连接时只需把主板电源插头插入插座。P4 主板上的专用插座如图 2-17（d）（e）所示，一定要插入 P4 专用电源插头。

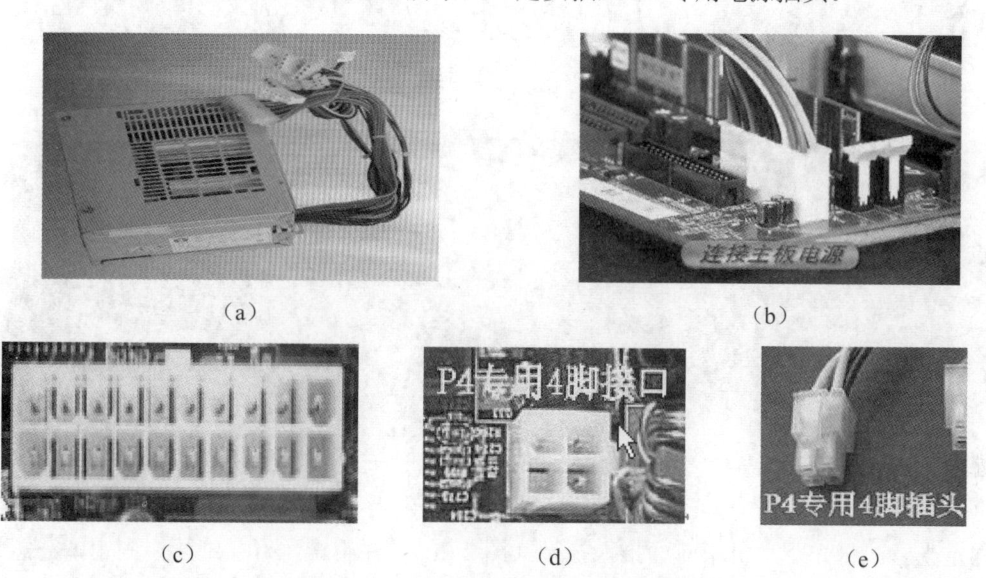

（a）　（b）

（c）　（d）　（e）

图 2-17　安装电源及主板电源插座的连接

● 连接机箱前面板按钮和指示灯。

机箱前面板的线头引出如图 2-18 所示。

图 2-18　连接按钮及指示灯线头

5）硬盘驱动器的安装和光盘驱动器的安装。

①设置硬盘与光驱的主、从跳线。

在硬盘与光驱的接口处都有若干对跳线，通过跳线，可决定该驱动器是 Master（主驱动设备），还是 Slave（从驱动设备）。

普通的主板上有两个 IDE 接口，一个标注为 Primary，是主 IDE 接口，另一个标注有 Secondary，是副 IDE 接口，如图 2-19 所示，每个 IDE 接口通常可连接两个 IDE 设备（硬盘与光驱都是 IDE 设备）。

②固定硬盘与光驱。

固定硬盘。将硬盘正面朝上、接口向外放入机箱架子中，上紧螺丝（粗牙），如图 2-20 所示。注意：硬盘最好与软驱的位置有一点距离，便于散热。

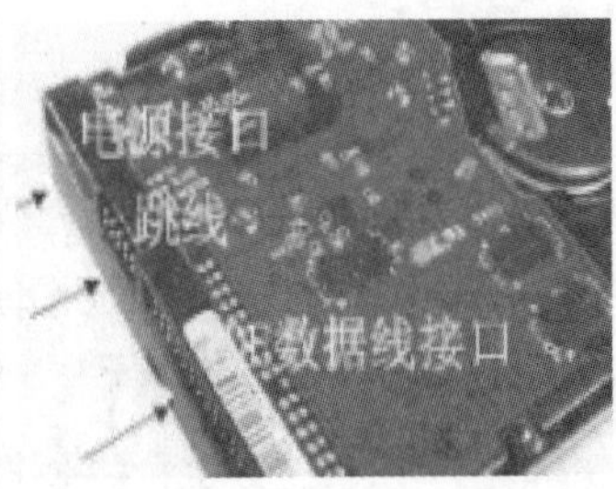

图 2-19 跳线与接口

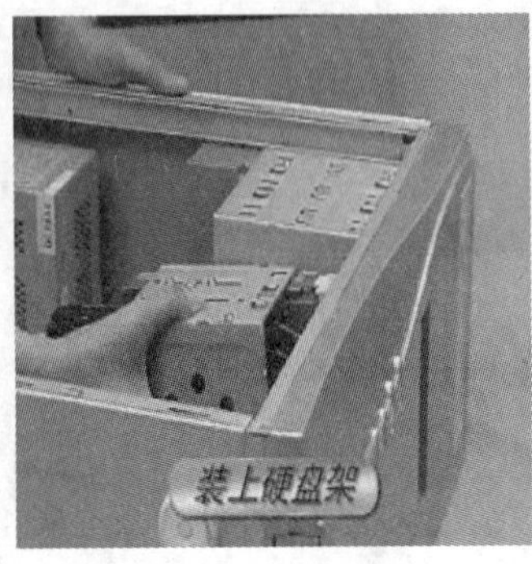

图 2-20 固定硬盘与光驱

固定光驱。将光驱从机箱前面推入拖架（图 2-20），并用螺丝钉（细牙）固定，注意调整光驱的推入程度，以保证机箱外观美观。

③连接电源线与数据线。

将电源插头连在硬盘与光驱的电源接口上。一根数据线一般有三个插头，其中一个接主板 IDE 口，另两个可以分别连接主、从两个 IDE 设备。数据线的一边为花边，连接硬盘与光驱时花色靠近电源接口，连接主板上的 IDE 口时花边要与 IDE 口的 1 号针连接。由于主板上的主 IDE 口与主流硬盘都支持 DMA66/DMA100，而光驱只能支持到 DMA33，所以光驱应接在从 IDE 口上。DMA66/DMA100 的数据线是 80 线的。如图 2-21 所示。

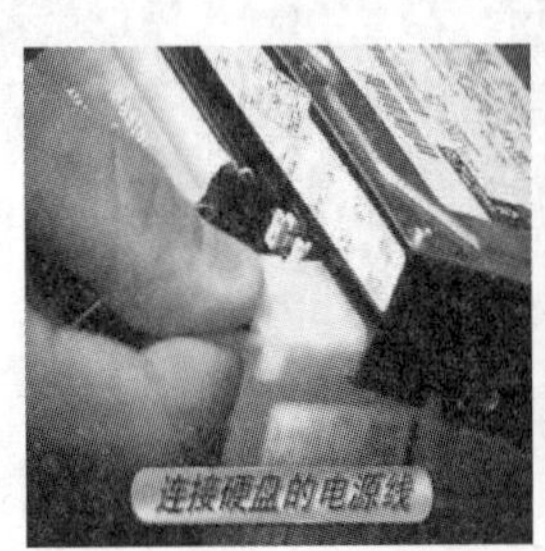

图 2-21 连接电源线与数据线

6）安装显卡等板卡。

现在的板卡主要包括 AGP 显卡与 PCI 卡，分别插在主板的 AGP 插槽和 PCI 插槽上。如图 2-22 所示。

①安装 AGP 显卡（如显卡）

②安装 PCI 卡（如网卡）

图 2-22　显卡与网卡的连接

至此，主机箱已安装完毕。

7）连接外围设备。

主机箱露在外面的接口可用来连接显示器、键盘、鼠标、音箱与话筒、USB 设备、打印机等。如图 2-23 所示。

图 2-23　连接外围设备

8）组装后的检查。

完成了组装工作后，先不要装上机箱的外盖，更不能加电启动，应该进行全面的清查，看一看安装是否牢固，位置、接口、各线的连接是否正确。加电启动，如果机箱上的指示灯正常（电源灯一般为黄绿色，计算机工作时应常亮；硬盘灯为红色，对硬盘进行操作时闪烁），报警系统没有异常，而且屏幕上能够正确显示启动信息，就说明所有部件的安装是正确的。

实验 2-2　计算机系统安装与备份

任务 1：操作系统 Windows 7 的安装

1. 实验目的

熟悉操作系统 Windows 7 的安装过程。

2. 实验任务与要求

掌握操作系统 Windows 7 的安装过程。

3. 硬件配置要求

现在的操作系统随着功能的不断完善，对计算机的硬件提出了越来越高的要求。Windows 7 Ultimate（旗舰版）对硬件的要求如下。

（1）硬盘：计算机要有 5G 以上的硬盘剩余空间用于系统的安装，并且最好将 Windows 7 安装在独立的盘中。

（2）内存：至少 512MB 的 DDR2 内存。

（3）处理器：奔腾 3.0（或相同级别）以上。

（4）显卡：支持 DirectX 10，128M 显存，PCI-X 及以上。

（5）显示器：要求分辨率在 1024×768 像素及以上（低于该分辨率则无法正常显示部分功能），或可支持触摸技术的显示设备。

（6）磁盘分区格式：NTFS。

4. 实验步骤/操作指导

（1）将 Windows 7 安装光盘放入光驱，重新启动系统并在 CMOS 参数设置中把光驱设为第一启动盘，保存设置并重启，出现如图 2-24 左边所示安装界面，单击“下一步”，出现如图 2-24 右边所示安装界面后，单击“现在安装”。

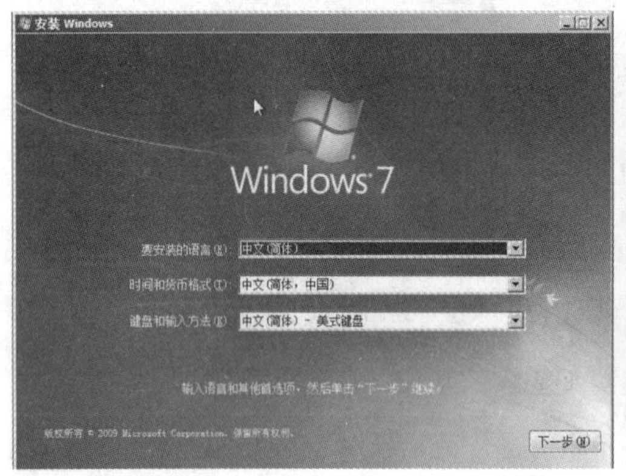

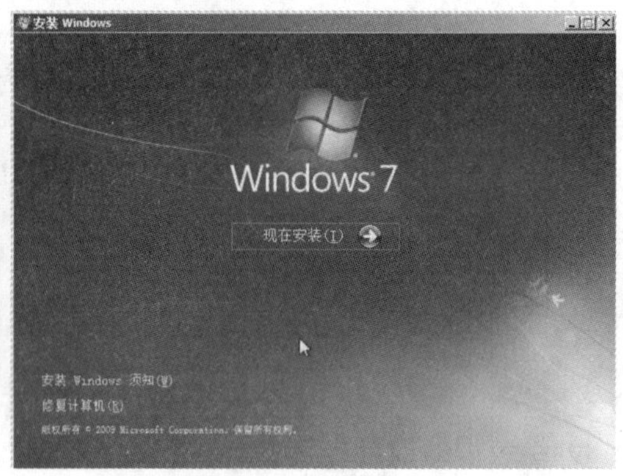

图 2-24 Windows 7 安装界面图

（2）阅读许可条款后选中“我接受许可条款”，然后单击“下一步”按钮（图 2-25）。如果电脑上已经安装有 Vista，可以选择“升级”来将当前系统升级到 Windows 7，但其并不支持从 Windows XP 直接升级到 Windows 7，一般都是重新安装。这里单击“自定义”选项（图 2-26）。

（3）接下来要为 Windows 7 选择安装的硬盘分区，如果是一台未分过区的新电脑，并且不想进行分区，那么直接单击“下一步”即可。如果是重装电脑，即硬盘已经分区完毕，可以直接选择想要安装 Windows 7 的分区，注意，如果不确定那个分区是否有重要数据，不要选择格式化（图 2-27）！如果想对硬盘进行分区或者格式化，可以单击“驱动器选项”。单击“驱动器选项”后，就会显示出硬盘分区的操作选项，可以在这里对硬盘进行分区和格式化操作。操作完成后，选中要安装 Windows 7 的分区，然后单击“下一步”按钮即可（图 2-28）。

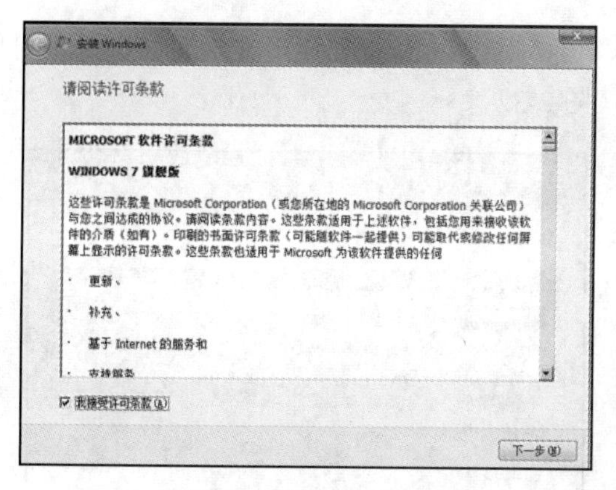

图 2-25　阅读许可条款

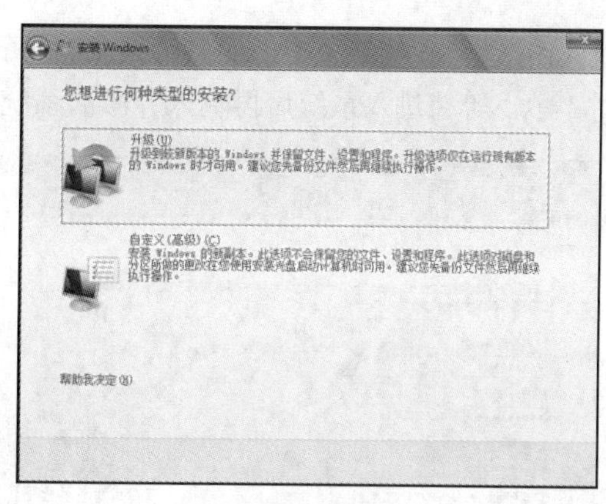

图 2-26　安装类型选择

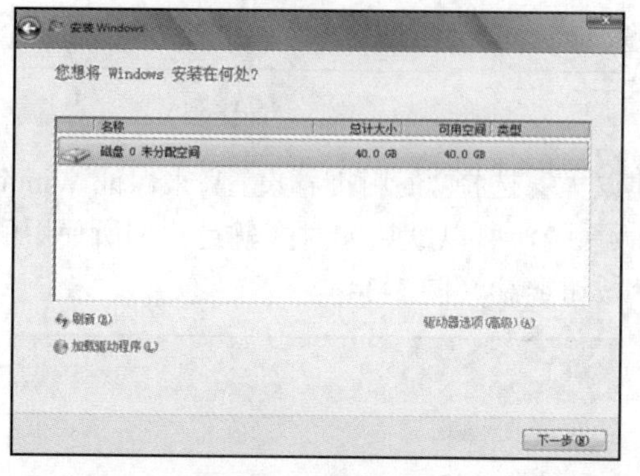

图 2-27　选择安装盘符

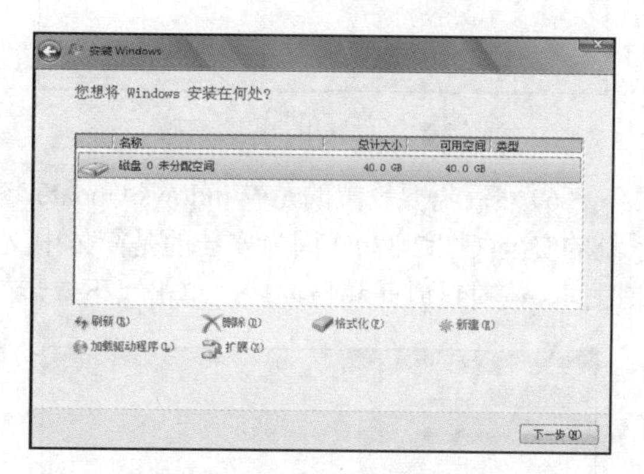

图 2-28　驱动器选项

（4）接下来复制 Windows 文件、展开、安装功能等，不需要人工干预。在安装过程中，系统可能会有几次重启，但所有的过程都是自动的，并不需要用户进行任何操作（图 2-29）。安装过程结束后第一次启动系统时会对电脑的性能自动进行检测，以对系统性能进行优化。第一次启动时，系统会邀请我们为自己创建一个用户名，以及设置计算机名称。完成后单击“下一步”继续（图 2-30）。

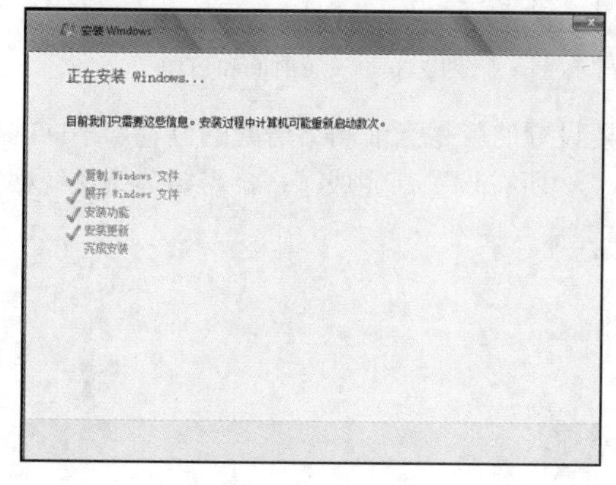

图 2-29　正在安装

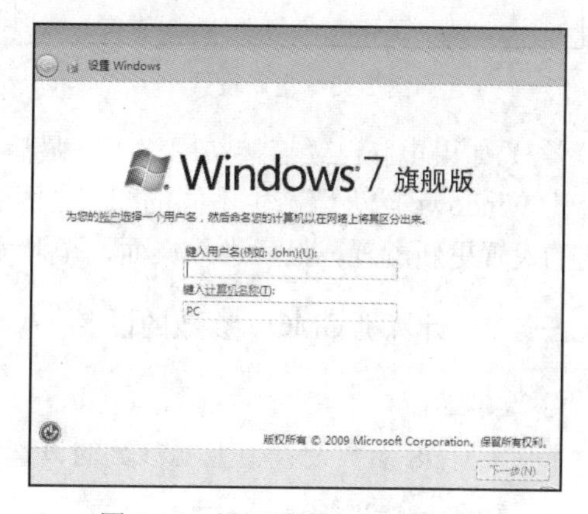

图 2-30　设置用户名和计算机名

（5）创建账号后需要为我们的账号设置一个密码。如果不需要密码，直接单击“下一步”

即可（图 2-31）。接下来要做的是输入 Windows 7 的产品序列号，如果现在没有序列号也可以暂时不填，等待进入系统后再输入并激活系统（图 2-32）。

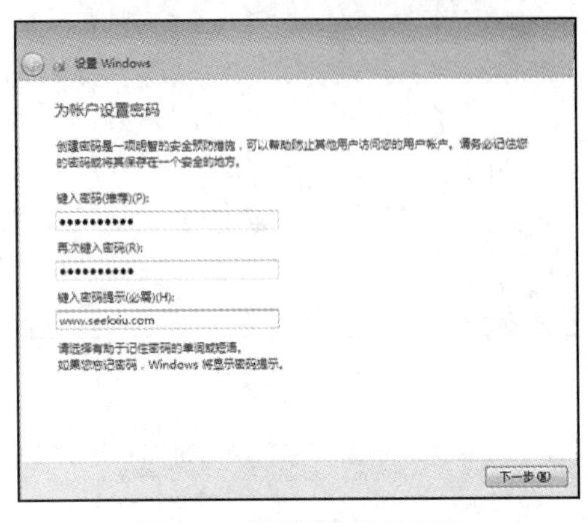

图 2-31 设置用户账号密码

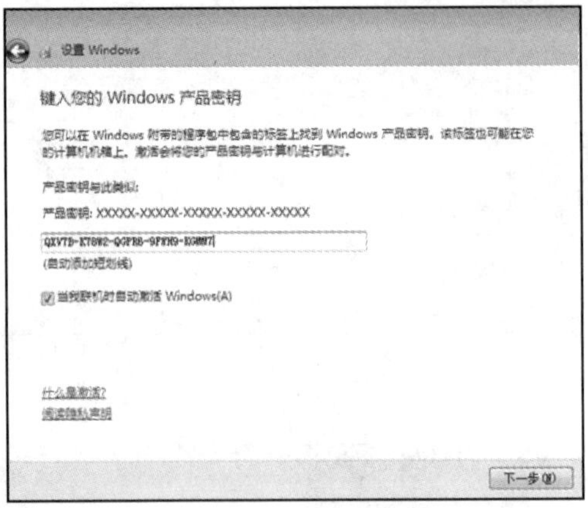

图 2-32 输入产品序列号

（6）然后需要设置的是 Windows Update，建议大家选择“使用推荐设置”来保证 Windows 系统的安全（图 2-33）。因为安装的是简体中文版系统，所以默认的时区就是我们所使用的北京时间，校对过时间和日期后，单击“下一步”按钮继续（图 2-34）。

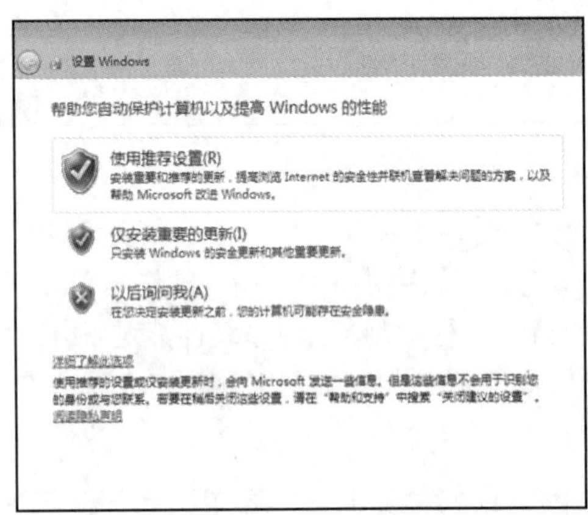

图 2-33 更新设置

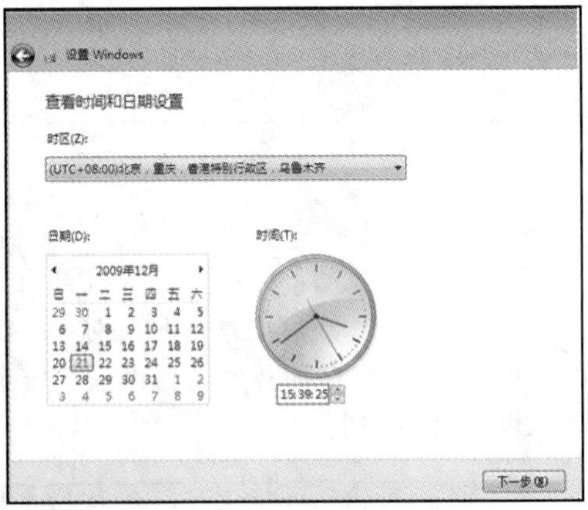

图 2-34 设置时间和日期

（7）如果电脑已经连接在网络上，最后需要设置的就是当前网络所处的位置，不同的位置会让 Windows 防火墙产生不同的配置（图 2-35）。所有设置都完成了，就需要等待系统根据我们的设置更新配置。最后进入桌面，至此安装完成（图 2-36）。

任务 2：计算机 CMOS 参数的设置

1. 实验目的

掌握 CMOS 参数设置中主要参数的设置方法。

2. 实验任务与要求

（1）设置系统日期与时间。

（2）设置开机磁盘优先程序。

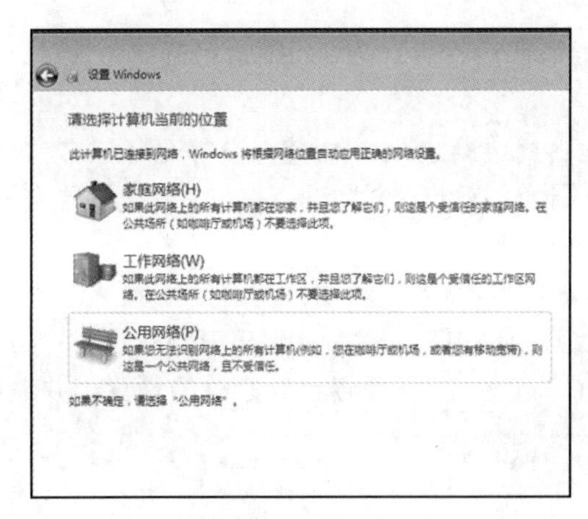

图 2-35　网络设置

图 2-36　设置更新配置

（3）设定 CPU、硬盘、显示器等设备的省电功能。

（4）设置用户口令。

3. 实验步骤/操作指导

BIOS（Basic Input Output System，基本输入输出系统）是一组固化到计算机内主板ROM芯片上的程序，它保存着计算机最重要的基本输入输出的程序、系统设置信息、开机后自检程序和系统自启动程序。其主要功能是为计算机提供最底层的、最直接的硬件设置和控制。在 BIOS ROM 芯片中装有一个程序为“系统设置程序”，用来设置 CMOS RAM 中的参数。这个设置 CMOS 参数的过程，习惯上称为“BIOS 设置”或“CMOS 设置”。

在台式计算机上使用的 BIOS 程序根据制造厂商的不同分为 AWARD BIOS 程序、AMI BIOS 程序、PHOENIX BIOS 程序以及其他的免跳线 BIOS 程序和品牌机特有的 BIOS 程序，如 IBM 等。AWARD BIOS 是使用最广泛的 BIOS 程序。下面以 AWARD BIOS 为例说明 CMOS 的设置方法。

开启计算机或重新启动计算机后，在屏幕显示“Waiting……”时，按下 Del 键就可以进入 CMOS 的设置界面。进入后，可以用方向键移动光标选择 CMOS 设置界面上的选项，然后按 Enter 键进入菜单项，用 ESC 键来返回父菜单，用 PAGE UP 和 PAGE DOWN 键来选择具体选项，按 F10 键保留并退出 BIOS 设置。

各设置的含义及作用如下。

STANDARD CMOS SETUP（标准 CMOS 设定）：用来设定日期、时间、软硬盘规格、工作类型以及显示器类型。

BIOS FEATURES SETUP（BIOS 功能设定）：用来设定 BIOS 的特殊功能，例如病毒警告、开机磁盘优先程序等。

CHIPSET FEATURES SETUP（芯片组特性设定）：用来设定 CPU 工作相关参数。

POWER MANAGEMENT SETUP（省电功能设定）：用来设定 CPU、硬盘、显示器等设备的省电功能。

PNP/PCI CONFIGURATION（即插即用设备与 PCI 组态设定）：用来设置 ISA 以及其他即插即用设备的中断以及其他差数。

LOAD BIOS DEFAULTS（载入 BIOS 预设值）：此选项用来载入 BIOS 初始设置值。

LOAD OPRIMUM SETTINGS（载入主板 BIOS 出厂设置）：这是 BIOS 的最基本设置，用来确定故障范围。

INTEGRATED PERIPHERALS（内建整合设备周边设定）：主板整合设备设定。

SUPERVISOR PASSWORD（管理者密码）：计算机管理员设置进入 BIOS 修改设置密码。

USER PASSWORD（用户密码）：设置开机密码。

IDE HDD AUTO DETECTION（自动检测 IDE 硬盘类型）：自动检测硬盘容量、类型。

SAVE&EXIT SETUP（储存并退出设置）：保存已经更改的设置并退出 BIOS 设置。

EXIT WITHOUT SAVE（不保存并退出 BIOS 设置）：不保存已经修改的设置，并退出设置。

（1）设置系统当前日期与时间。

选择 STANDARD CMOS SETUP 进入如图 2-37 所示界面。

Date：此项用以设置系统的当前日期，格式为“月/日/年”，用 Page Up/Page Down 或+/-键设定时间的大小。

```
ROM PCI/ISA BIOS (2A69KGOD)
STANDARD CMOS SETUP
AWARD SOFTWARE, INC.

DATE (mm:dd:yy) : Wed, Jun  2 1999
Time (hh:mm:ss) : 23 : 20 : 54

HARD DISKS           TYPE    SIZE   CYLS HEAD  PRECOMP LANDZ SECTOR  MODE
Primary Master     : User    4335    527  255        0  8399     63   LBA
Primary Slave      : None       0      0    0        0     0      0  -----
Secondary Master   : None       0      0    0        0     0      0  -----
Secondary Slave    : None       0      0    0        0     0      0  -----

Drvie A : 1.44, 3.5 in
Drive B : None                          Base Memory:     640K
Floppy 3 Mode Support : Disabled    Extended Memory: 130048K
                                       Other Memory:     384K
Video    : EGA/VGA
Halt On  : Errors                      Total Memory: 131072K

Esc : Quit                     ↑ ↓ → ← : Select Item
F10 : Save & Exit Setup        (Shift) F2 : Change Color
```

图 2-37　系统当前日期与时间设置

TIME：此项用以设置系统的当前时间，格式为“时/分/秒”，用 Page Up/Page Down 或+/-键设定时间的大小。

（2）设置开机磁盘优先程序。

选择 BIOS FEATURES SETUP 选项进入如图 2-38 所示界面。

Boot Sequence：如设置为（C,A），系统将先在 C 盘启动，省去了对 A 驱的检测，加快了系统启动速度。可设置启动的方法还有“CDROM,C,A”“A,C”“A,CDROM,C”等。

（3）设定 CPU、硬盘、显示器等设备的省电功能。

选择 POWER MANAGEMENT SETUP 进入省电功能设置（图 2-39）。

对该部分正确设置可减少电源消耗，延长系统中各部件的使用寿命，即系统在一段时间不被使用后，自动关闭屏幕以及硬盘，并设置电脑开启时间及唤醒功能等。

```
ROM PCI/ISA BIOS (2A69KGOD)
BIOS FEATURES SETUP
AWARD SOFTWARE, INC.

Virus Warning                  : Disabled   Hdd S.M.A.R.T. capablity  : Enabled
CPU Internal Cache             : Enabled    Report No FDD For WIN95   : No
External Cache                 : Enabled    Video BIOS Shadow         : Enabled
CPU L2 Cache ECC Checking      : Disabled

Quick Power On Self Test       : Enabled
CPU Update Data                : Enabled
Boot From LAN First            : Enabled
Boot Sequence                  : A,C
Swap Floppy Drive              : Disabled
VGA Boot From                  : AGP
Boot Up Floppy Seek            : Enabled
Boot Up Numlock status         : On
Typematic Rate Setting         : Disabled
Typematic Rate (Chars/Sec)     : 6
Typematic Delay (Msec)         : 250        ESC : Quit  ↑↓→← : Select Item
Security Option                : Setup      F1  : Help        PU/PD/+/- : Modify
PCI/VGA Palette Snoop          : Disabled   F5  : Old Values  (Shift)F2 : Color
Assign IRQ For VGA             : Enabled    F6  : Load BIOS  Defaults
OS Select For DRAM > 64MB      : Non-OS2    F7  : Load PERFORMANCE DEFAULTS
```

图 2-38　开机磁盘优先程序设置

```
ROM PCI/ISA BIOS (2A69KGOD)
POWER MANAGEMENT SETUP
AWARD SOFTWARE, INC.

Power Management       : Enable          ** Reload Global Timer Events **
PM Control by APM      : Yes             IRQ [3-7, 9-15],NMI   : Enabled
Video Off Method       : V/H SYNC+Blank  Primary IDE 0         : Enabled
Suspend Mode           : Disabled        Primary IDE 1         : Enabled
HDD Power Down         : Disabled        Secondary IDE 0       : Enabled
VGA Active Monitor     : Disabled        Secondary IDE 1       : Enabled
Soft-Off by PWR-BTTN   : Instant-Off     Floppy Disk           : Disabled
System After AC Back   : Full-On         Serial Port           : Enabled
CPUFAN Off In Suspend  : Enabled         Parallel Port         : Enabled
PME Event Wakeup       : Disabled
ModemRingOn/WalkOnLan  : Enabled
Resume by Alarm        : Enabled
Date (of Month) Alarm  :  0
Time (hh:mm:ss) Alarm  :  7:30: 0
                                         ESC : Quit  ↑↓→← : Select Item
                                         F1  : Help        PU/PD/+/- : Modify
                                         F5  : Old Values  (Shift)F2 : Color
                                         F6  : Load BIOS  Defaults
                                         F7  : Load PERFORMANCE DEFAULTS
```

图 2-39　省电功能设置

Power Managenent：该项可让系统来控制电源的消耗，有三个选项：Max Saving、Min Saving、User Define。第一选项为系统停用 1 小时后进入节能模式，第三选项为用户自定义方式，由用户自己设定时间。

Video Off Option：该项决定系统在何状态下将屏幕关闭，应选择挂起和待命状态关闭（Susp，Stby→Off），不关闭（Alway On）。

（4）设置用户密码。

选择 USER PASSWORD 可进入用户密码的设置。该密码设置是针对系统启动时作的密码保护，密码字最多含八个数字或符号，且有大小写之分。必须在 BIOS FEATURES SETUP 选项的 Security Option 设置中选“System”后，才能设置该项目。

任务 3：系统备份和恢复

1．实验目的

熟悉一键备份的过程。

熟悉一键恢复的过程。

2．实验任务与要求

（1）掌握一键备份系统。

（2）掌握一键恢复系统。

3．实验步骤/操作指导

（1）软件的安装。

1）下载解压 1key_gho.rar，在 Windows 环境下直接运行 setup.exe，出现如图 2-40 所示的界面。单击 Next 完成安装。

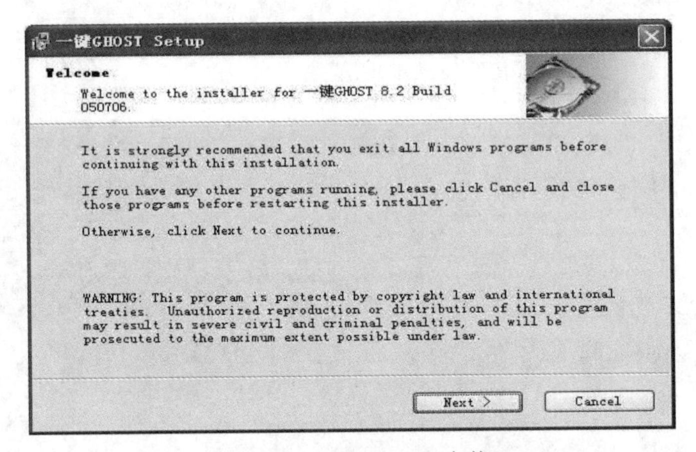

图 2-40 一键 GHOST 安装

2）单击“开始”→“程序”→“一键 GHOST”→“设置登录密码”，按提示完成登录密码的设置（图 2-41）。

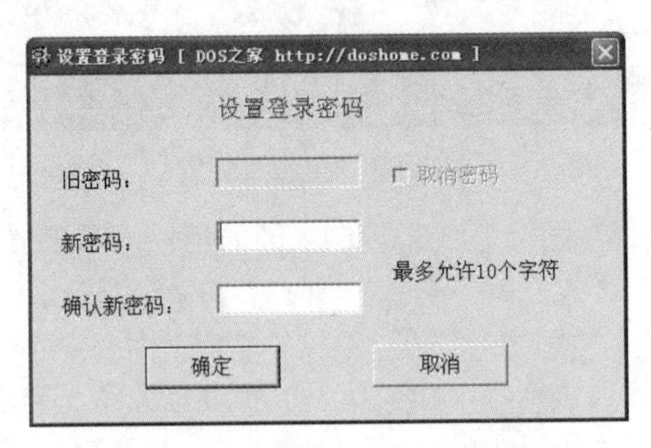

图 2-41 一键 GHOST 登录密码设置

（2）一键备份系统。

1）重启后按提示选择“1KEY GHOST 8.2 Build 050706”即可进入 DOS，如图 2-42 所示。

2）接着在出现的主菜单中选择“一键备份 C 盘”（图 2-43）。

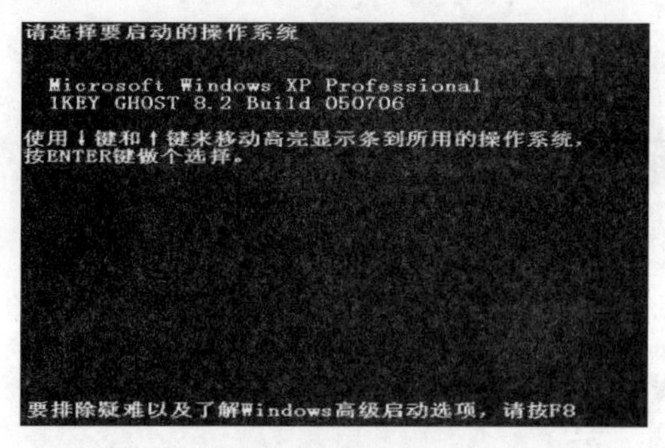

图 2-42　选择要启动的操作系统

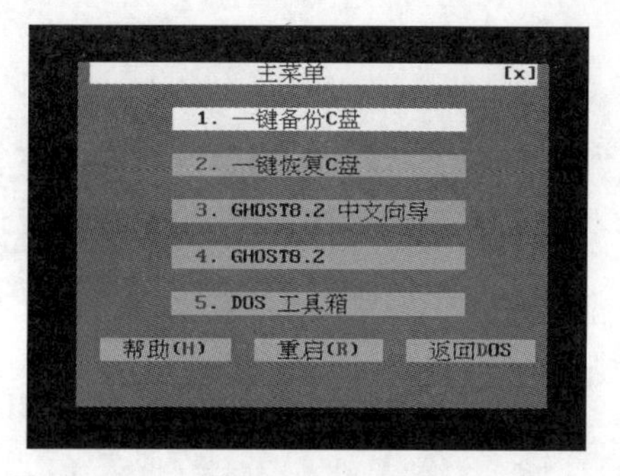

图 2-43　选择“一键备份 C 盘”

3）在弹出窗口中的“确定”项按下 Enter 键，程序自动启动 GHOST 将系统 C 盘备份到“D:\c_pan.gho”（图 2-44）。

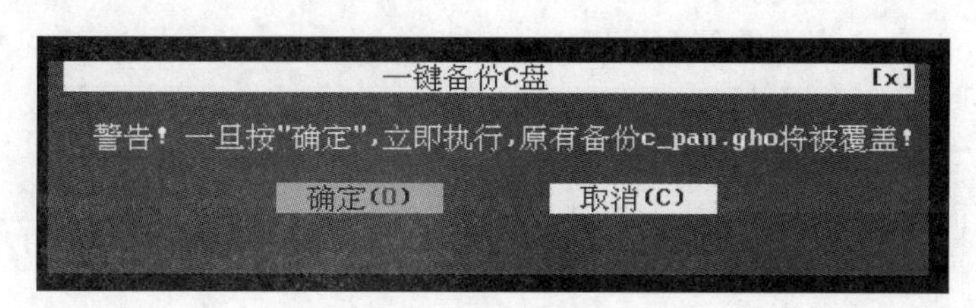

图 2-44　开始备份

注意：备份前要保证 D 盘有足够空间并不要更改 GHO 文件名，否则无法完成一键自动备份/恢复。

（3）一键恢复系统。

1）重启后按提示选择“1KEY GHOST 8.2 Build 050706”进入 DOS，如图 2-45 所示。

2）接着在出现的主菜单中选择“一键恢复 C 盘”。“一键恢复 C 盘”操作是建立在已经备份过 C 盘的基础上的。

3）在弹出窗口中的“确定”项按下 Enter 键，程序自动启动 GHOST 将 D:\c_pan.gho 克隆到 C 盘，从而快速恢复系统（图 2-46）。

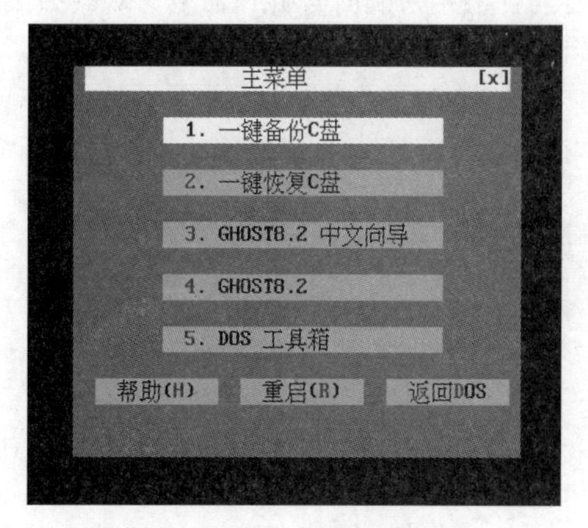

图 2-45　选择“一键备份 C 盘”

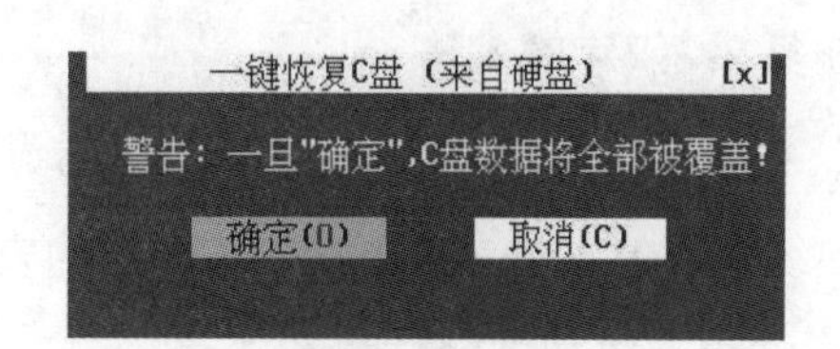

图 2-46　开始恢复

第 3 章　操作系统和 Windows 7

实验 3-1　Windows 7 的基本操作

任务 1：Windows 7 的桌面操作

1. 实验目的

熟练掌握 Windows 7 桌面的基本设置。

2. 实验任务与要求

（1）掌握建立快捷方式的方法。

（2）掌握桌面图标的显示与排列方法。

（3）掌握个性化桌面背景的设置。

（4）掌握屏幕保护程序的设置。

（5）掌握任务栏的设置。

（6）掌握桌面小工具的设置。

3. 实验步骤/操作指导

（1）桌面图标的排列方式（名称、大小、项目类型、修改日期）及添加、删除、重命名。

（2）查看图标的方式（大图标、中等图标、小图标、自动排列图标）。

（3）设置任务栏的自动隐藏。

（4）调整任务栏的位置、宽度。

（5）合并任务栏图标。（在任务栏右击按钮，选择“属性”命令，在打开的窗口中选择“任务栏”选项卡，在“任务栏按钮”区域选择“当任务栏占满时合并”命令，观察效果。）

（6）桌面回收站的相关操作。删除、清空、设置回收站。

（7）打开多个窗口，堆叠显示窗口，并排显示窗口，显示桌面。

（8）窗口和对话框的操作。窗口的最大化、最小化、还原与关闭，移动窗口，滚动窗口内容，窗口排列与切换。

（9）实现鼠标的指向、单击、添加、双击、右击和拖动操作。

任务 2：汉字输入法

1. 实验目的

熟练掌握 Windows 7 下汉字输入法的安装与设置。

2. 实验任务与要求

（1）了解汉字输入法的安装与卸载。

（2）掌握汉字输入法的添加与删除。

（3）掌握汉字输入法的设置与选用。

（4）熟悉汉字输入法的输入界面及其操作。

3. 实验步骤/操作指导

（1）汉字输入法的安装与卸载。

当用户使用 Windows 7 未提供的输入法（如五笔输入法）时，就需要先安装该输入法。汉字输入法的安装方法与其他应用程序的安装过程基本相同。

- 汉字输入法的安装步骤

1）从网上下载指定的汉字输入法。

2）双击输入法安装程序，然后按提示操作即可。

- 汉字输入法的卸载步骤

1）打开“控制面板”窗口，选择“程序”。

2）找到需要删除的输入法，单击卸载。

（2）汉字输入法的添加与删除。

1）单击“开始”按钮选择“控制面板”选项。

2）在打开的“控制面板”窗口中单击“更改键盘或其他输入法”，在打开的对话框中选择“键盘和语言”选项卡，再单击“更改键盘”按钮，得到如图 3-1 所示的“文本服务和输入语言”对话框，左图为已安装的输入法，右图为输入法的键盘操作设置。

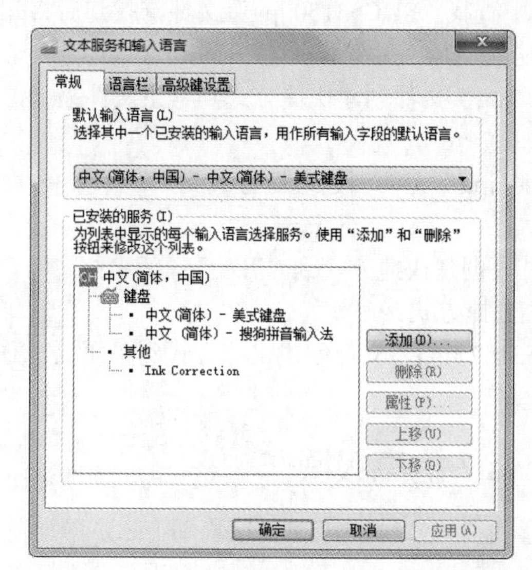

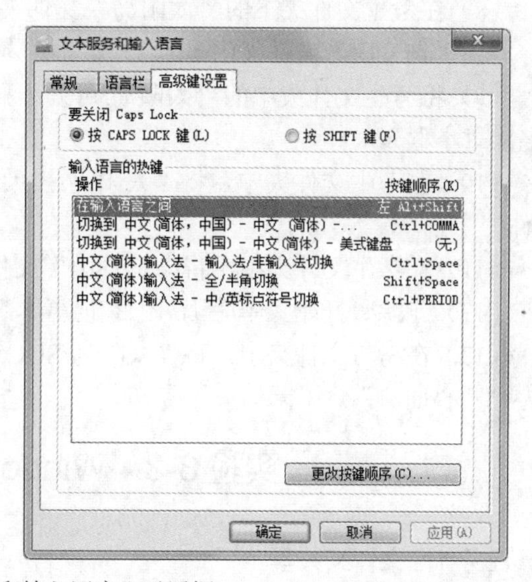

图 3-1　“文本服务和输入语言”对话框

（3）输入法的选用和切换。

- 打开、关闭和选用汉字输入法。

在 Windows 界面下按 Ctrl+Space（空格）组合键即可启动中文输入法，再按一次 Ctrl+Space 组合键则关闭中文输入法。

也可用鼠标单击任务栏上的输入法指示器，从列出的输入法菜单中选择输入法。

- 汉字输入法的切换。

连续按 Ctrl+Shift 组合键，即可不断地切换到其他的中文输入法，一直到用户所需输入法为止。

实验 3-2　文件和文件夹的管理

1. 实验目的

熟练掌握在资源管理器中对文件及文件夹的操作。

2. 实验任务与要求

掌握文件、文件夹的新建、删除、移动、复制、重命名、查看属性等基本操作。

3. 实验步骤/操作指导

（1）在考生文件夹下，将文件夹“动物园”改名为“北方森林动物园”。

（2）显示考生文件夹中所有文件的扩展名。

（3）将该文件夹中的“33.jpg”文件改名为“办公室.gif”。

（4）隐藏考生文件夹中所有文件的扩展名。

（5）在考生文件夹下的“北方森林动物园”文件夹中有三个隐藏文件，把它们显示出来并且把图片“孔雀.jpg”的属性设置为只读。

（6）将考生文件夹中的*.gif 文件删除到回收站中。

（7）将回收站“海狮.gif”文件还原并粘贴到“北方森林动物园”文件夹中。

（8）在考生文件夹下的“太阳岛”文件夹中查找“SUC53150.jpg”文件，找到后将此文件移动到“长寿山”文件夹中。

（9）将考生文件夹中的“太阳岛/可爱小猴.jpg”文件创建快捷方式到考生文件夹下，并改名为“小猴”。

（10）在考生文件夹中，将“太阳岛/黑天鹅.jpg”文件创建快捷方式到“开始菜单/程序/附件”中。

（11）在考生文件夹中，将“长寿山”文件夹创建快捷方式到“开始菜单/程序”中。

（12）删除“开始菜单/程序/附件/记事本”快捷方式。

（13）在考生文件夹中，将“太阳岛/SUC53157.JPG”文件创建快捷方式到桌面上，并改名为“开心词典”。

实验 3-3　Windows 7 的高级操作

任务 1：文件夹共享

1. 实验目的

掌握文件夹共享及访问权限的设置。

2. 实验任务与要求

（1）掌握文件共享的相关概念。

（2）在家庭组中共享文件和文件夹。

（3）在工作组或域中共享文件和文件夹。

（4）设置文件夹高级共享。

3. 实验步骤/操作指导

（1）文件共享概念。

家庭组是可分享图片、音乐、视频、文档甚至打印机的一组 PC（必须是运行 Windows 7 的计算机才能加入家庭组）。在家庭网络上共享文件的最简单方法就是创建或加入家庭组。

设置或加入家庭组时，将告知 Windows 哪些文件夹或库可以共享，哪些保留专用，然后 Windows 在后台工作，在相应的设置间进行切换，除非用户授予权限，家庭组其他成员将无法更改共享的文件。

家庭组为自动共享音乐、图片等提供了快捷便利的途径。用户还可以选择个别文件和文件夹并与非家庭组成员共享。

（2）在家庭组中共享文件和文件夹的步骤。

1）右击用户需要共享的文件或文件夹，然后单击“共享”，得到如图 3-2 所示的界面。

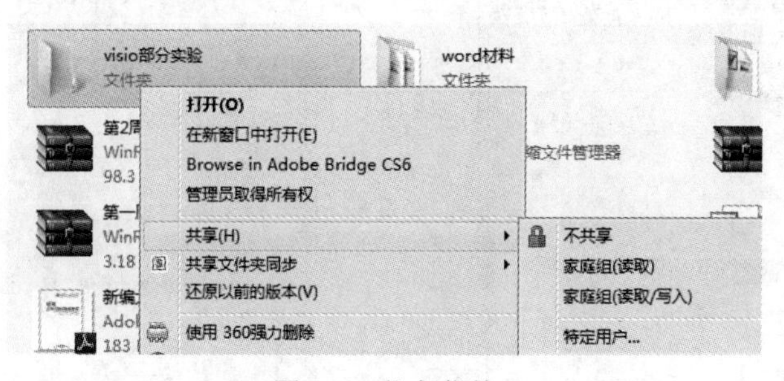

图 3-2　共享菜单

2）在“共享”菜单中选择下列选项之一：

- 家庭组（读取）。此选项只能打开该项目。家庭组成员不能修改或删除该项目。
- 家庭组（读取/写入）。此选项与整个家庭组共享项目，可打开、修改或删除该项目，就可实现家庭组共享。

（3）在工作组或域中共享文件和文件夹的步骤。

1）在图 3-2 中选择“特定用户”，此选项将打开文件共享向导，允许用户选择与其共享项目的单个用户。

2）单击文本框旁的箭头，从列表中单击名称，然后单击“添加”。如果已知要与其共享的用户的名称，只需在“文件共享”向导中输入该名称并单击“添加”就可以了，如图 3-3 所示。

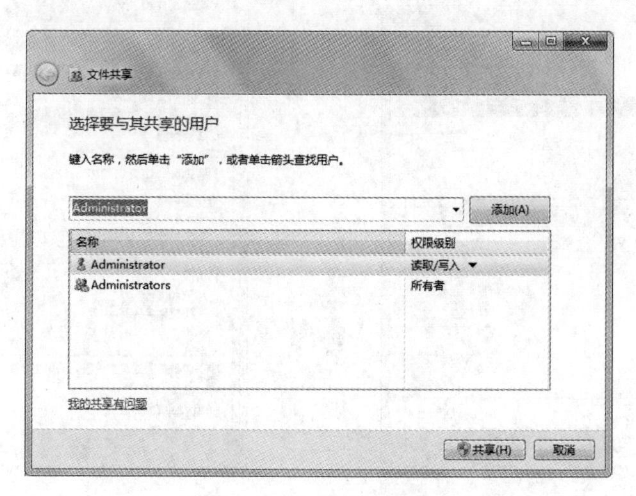

图 3-3　文件共享向导

3）在“权限级别”列下，选择下列选项之一：

- 读取：收件人可以打开文件，但不能修改或删除文件。
- 读取/写入：收件人可以打开、修改或删除文件。

4）添加完用户后，单击“共享”按钮。

如果要停止共享的项目，只需在图 3-2 中单击“不共享”命令即可。

（4）设置文件夹高级共享。

1）右击文件夹，在弹出的快捷菜单中选择“属性”命令，打开文件夹属性对话框，再选择“共享”选项卡，如图 3-4 所示，单击“高级共享”得到图 3-5 所示的对话框。

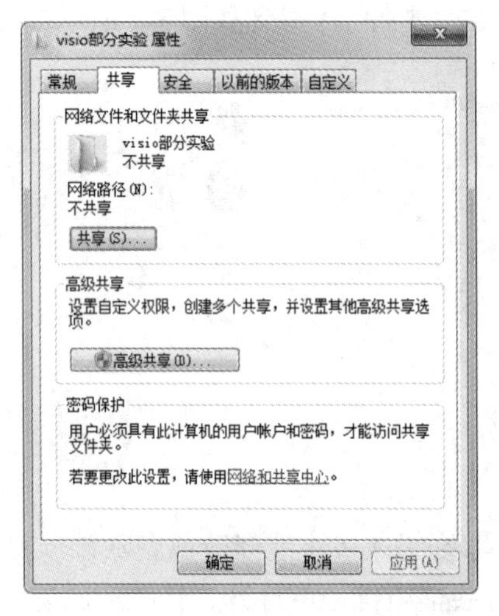

图 3-4 文件夹共享属性

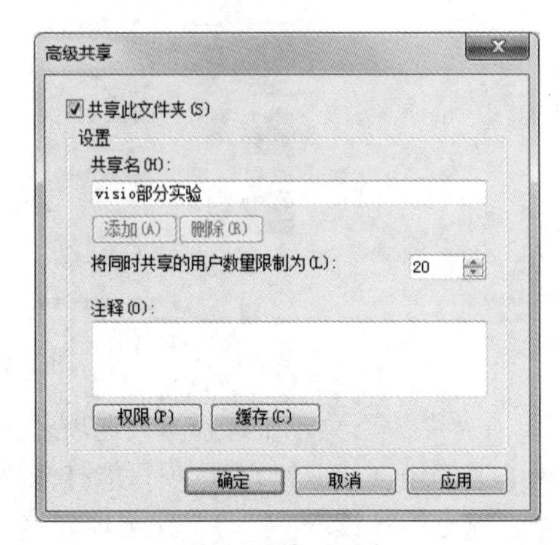

图 3-5 高级共享

2）在高级共享框中可以选择共享的用户数量限制，单击“权限”按钮可以选择共享给谁和共享权限，如图 3-6 所示。

3）共享设置后进行“安全”设置，在图 3-4 中单击“安全”选项卡，得到如图 3-7 所示的对话框。

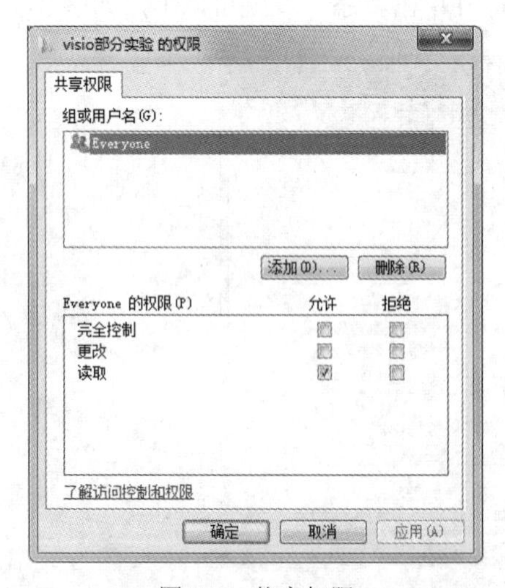

图 3-6 共享权限

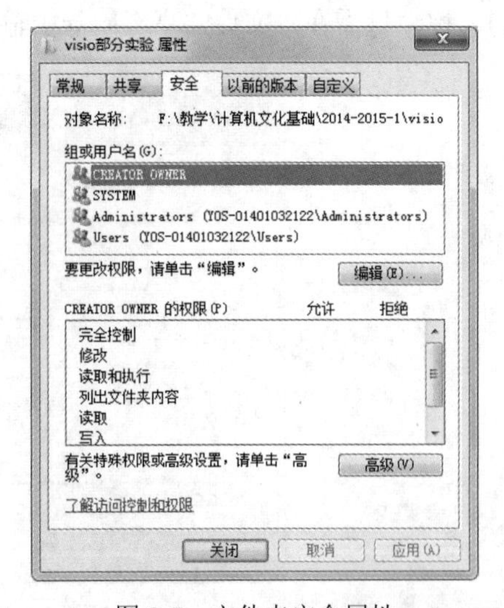

图 3-7 文件夹安全属性

4）设置每个共享用户的访问权限即可。

任务 2：Windows 7 远程桌面设置

1．实验目的

使用远程桌面连接，可以从一台运行 Windows 的计算机访问另一台运行 Windows 的计算机，条件是两台计算机连接到相同网络或连接到 Internet。例如，可以在家中的计算机使用所有工作场所的计算机的程序、文件及网络资源，就像坐在工作场所的计算机前一样。

2．实验任务与要求

（1）掌握远程桌面的设置方法。

（2）从一台运行 Windows 的计算机上访问另一台运行 Windows 的计算机。

3．实验步骤/操作指导

（1）打开受控机进入桌面，在“开始”菜单中右击“计算机”，在弹出的快捷菜单中选择“属性”命令，如图 3-8 所示。

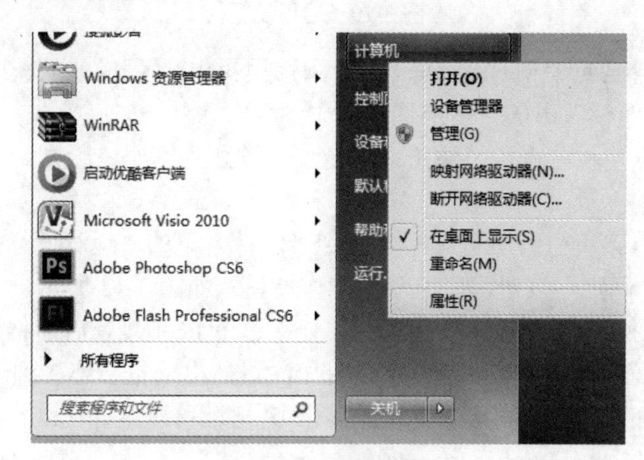

图 3-8　计算机属性

（2）在打开的“系统”对话框中选择左侧的“远程设置”命令，如图 3-9 所示。

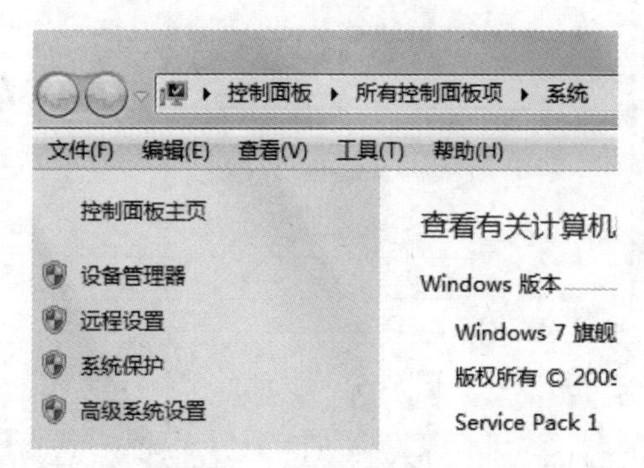

图 3-9　计算机系统属性

（3）在弹出的“系统属性”对话框中，将远程桌面选项的“不允许连接到这台计算机”更改为“允许运行任意版本远程桌面的计算机连接”，并且把上面的远程协助打开，单击“确定”按钮，如图 3-10 所示。

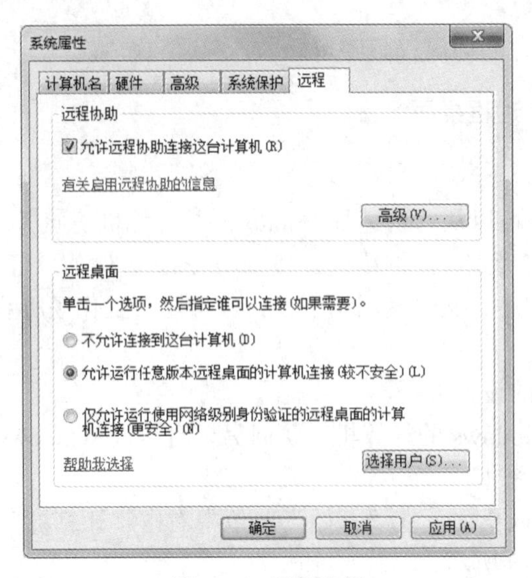

图 3-10　远程设置

（4）着手建立自己的账户，没有账户和密码是不可以远程操作的，所以想要使用这个功能就必须先在“控制面板”中的“用户选项”中新建一个账户。

（5）给自己的账户设置密码。注意：一定要设置账户密码，否则是不能设置远程桌面功能的。

（6）在“开始”菜单中的所有程序中找到“附件”下的“运行”命令，输入 CMD，如图 3-11 所示。单击“确定”按钮，出现命令操作窗口，如图 3-12 所示，在命令符提示后输入 ipconfig /all 命令，查找到自己的 IPv4 地址，并记下这个 IP 地址，后面将要用到。需要注意的是，如果受控计算机没有绑定 IP 地址，那么每一次重启电脑重新连接到网络后，IP 地址会更换，所以建议将自己的 IP 地址固定。不知道自己 IP 地址可以用 ipconfig 查看，或者在网络连接属性中查看。

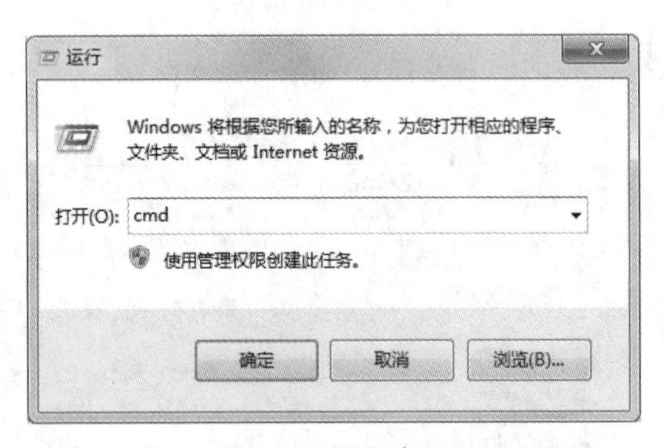

图 3-11　运行窗口

（7）在主控机上使用 mstsc 命令进入到“远程桌面连接”对话框中，对远程受控机进行配置，输入 PC 用户名名称和受控机所在的 IP 地址，单击“连接”。或者依次单击“开始”按钮选择“所有程序”下的“附件”中的“远程桌面连接”命令。若要快速打开远程桌面连接，单击“开始”按钮，在“搜索”框中键入 mstsc，然后按 Enter 键，出现“远程桌面连接”对话框，如图 3-13 所示。

图 3-12　使用 ipconfig/all 命令查看 IPv4 地址

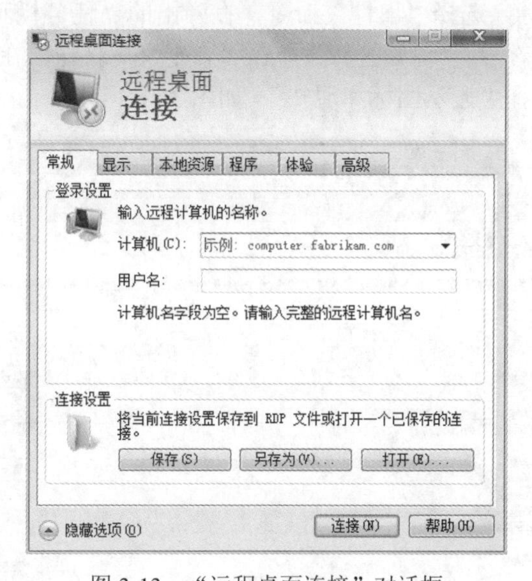

图 3-13　“远程桌面连接”对话框

（8）单击“连接”按钮后等待启动远程连接模块，之后会弹出要求输入密码，输入密码时要注意大小写字母的区分。

（9）至此远程连接完成，受控机桌面出现在操控机桌面中。

此时受控机就由主控机完全控制，不仅使用 Ctrl+C、Ctrl+V 两个组合键可以将受控机文件复制到主控机中，而且可以直接对受控机的文件进行操作。

操作时需注意以下几点。

- 受控机电源管理要每个选项都选择“从不”，否则机器一旦待机就不能控制了。
- 尽量不拖动大型文件，网络会比较慢。
- 尽量固定自己的 IP 地址，否则重启之后，还要重新查询。

任务 3：Windows 7 系统下设置 ADSL 连接

1. 实验目的

熟悉 Windows 7 系统下如何设置 ADSL 连接。

2. 实验任务与要求

（1）查看当前网络连接状态。

（2）更改网络连接。

3. 实验步骤/操作指导

（1）将鼠标移至任务栏中通知区域的网络“图标”上，出现图 3-14 所示的两种状态，其中左边表示网络尚未连接时的状态，右边表示网络已经连接的状态。

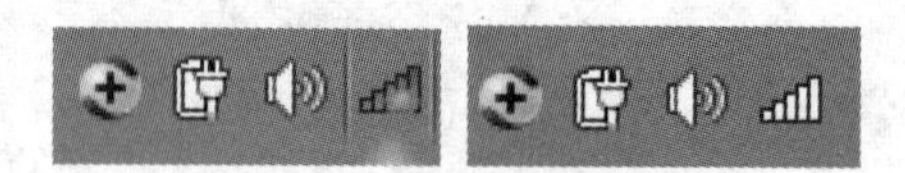

图 3-14 网络连接状态

如果此时在任务栏中找不到“网络”图标，可以在通知区域中选择，其方法如下：

在任务栏上右击鼠标，选择“属性”命令，在弹出的“任务栏和「开始」菜单”对话框中选择“任务栏”选项卡，在“通知区域”单击“自定义”按钮，在打开的“通知区域图标”窗口中找到“网络”，选择“显示图标和通知”，如图 3-15 所示。

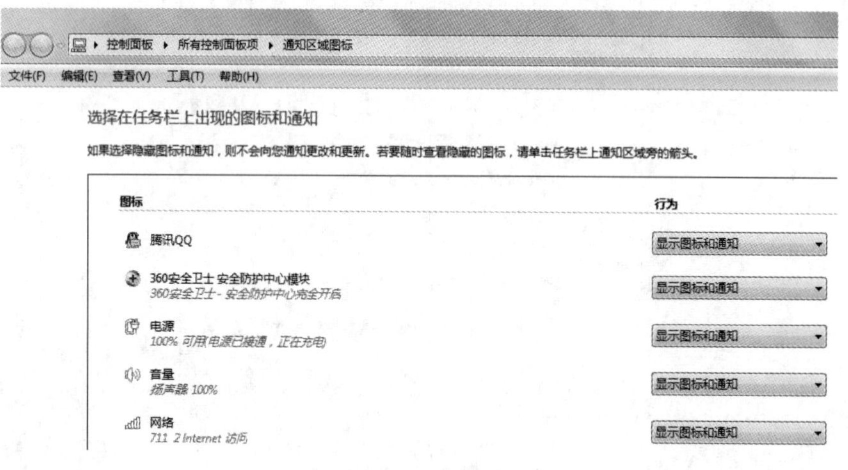

图 3-15 显示隐藏图标

（2）单击“网络”图标，如图 3-16 所示。

任务 4：Windows 7 操作系统综合练习

1. 实验目的

熟悉 Windows 7 操作系统下的文件和文件夹操作以及控制面板的相关操作。

图 3-16　查看当前网络连接

2. 实验任务与要求

（1）文件和文件夹的管理。

（2）控制面板的操作。

（3）附件等相关操作。

3. 实验步骤/操作指导

（1）自己用 Windows 附件中的“画图”作一幅画，并设置为桌面墙纸，拉伸显示。

（2）将屏幕保护程序设置为“字幕显示”，等待时间为 2 分钟，字幕位置随机，字幕文字为“大学计算机基础实验指导”。

（3）将计算机的日期和时间设置为“2008 年 8 月 15 日 8:30”。

（4）在系统中添加一台打印机。

（5）完成下列操作。

1）在 D 盘建立“MY”文件夹。其下建立“MY1”和“MY2”两个子文件夹，并且在桌面上建立“YOU”文件夹。

2）将“我的文档”中前 5 个文件和第 7、9、10 个文件（共 8 个文件）复制到“MY”文件夹中，再将“MY”后 4 个文件移至“MY2”中，然后将“MY2”文件夹移至“MY1”文件夹中，再将“MY”文件夹复制到桌面上的“YOU”文件夹中。

3）将“YOU”文件夹下的“MY”文件夹中的第一个文件改名为“MYFILE”，再将“YOU”文件夹改名为“YOUMY”。

4）将 D 盘中的“MY”文件夹删除，将桌面上的“YOUMY”里的“MY”文件夹下的“MY1”下的“MY2”文件夹删除，然后将“YOUMY”文件夹里的“MY”文件夹中的最后一个文件删除。

5）将桌面上的“YOUMY”文件夹里的“MY”文件夹下的“MYFILE”文件设置为“隐藏”属性。

（6）完成下列操作。

1）在桌面上新建“JSJ123”文件夹。

2）将“JSJ123”文件夹设置为共享。

3）设置访问该文件夹用户的权限，具体为：

用户“txq”可以对该共享文件夹完全控制。

用户“whm”可以读，但不能修改。

其他用户不可从网络访问该共享文件夹。

（7）对自己使用的计算机进行一次磁盘检查和磁盘碎片整理。

（8）利用计算器完成下列计算和转换。

1）(17+31)*(52+76)。

2）$\log_3 27 * 2^5 - \sqrt{64}$。

3）将十六进制数 157.B 转换成二进制、八进制和十进制数。

4）将八进制数 321.4 转换成二进制、十六进制和十进制数。

5）将二进制数 1011001.1010 转换成八进制、十六进制和十进制数。

第 4 章　文字处理软件 Word 2010

实验 4-1　Word 2010 图文排版

任务：图文混排

1. 实验目的

（1）掌握剪贴画、图片文件、自选图形及文本框的插入与文本编辑方法。

（2）掌握剪贴画、图片文件、自选图形及文本框的格式设置与混排方法。

2. 实验任务与要求

启动 Word 2010，打开“图文混排.docx”文档文件，按下列要求完成操作，完成后的效果如图 4-1 所示。

2014年巴西世界杯

2014年世界杯足球赛(2014 FIFA World Cup Brazil)是国际足联第二十届世界杯足球赛，于2014年6月12日至7月13日在巴西12座城市里的12座足球场举行，由来自世界各地的32支球队参与赛事，进行64场比赛，决定冠军队伍。2003年3月7日，国际足球联合会宣布2014年世界杯将会在南美洲举行2007年10月30日，国际足球联合会在瑞士苏黎世宣布2014年男子足球世界杯在巴西举行，这也是巴西继1950年后再次主办男子足球世界杯，也是最后一次由五大洲轮流举办的一届。巴西共举办了2届世界杯，分别是：1950年巴西世界杯和2014年巴西世界杯。

巴西世界杯共有32支球队，巴西共举办了2届世界杯，分别是：1950年巴西世界杯和2014年巴西世界杯。是继1987年阿根廷世界杯之后，世界杯第5次在南美洲举行。巴西世界杯共计举行了64场比赛角逐出冠军。

2014年巴西世界杯（英语：2014FIFAWorld Cup）是第20届世界杯足球赛。比赛于2014年6月12日至7月13日在南美洲国家巴西境内12座城市中的12座球场内举行。这是继1950年巴西世界杯之后世界杯第二次在巴西举行，也是继1978年阿根廷世界杯之后世界杯第五次在南美洲举行。

本次世界杯共有32支球队参赛。除去东道主巴西自动获得参赛资格以外，其他31个国家需通过参加2011年6月开始的预选赛获得参赛资格。决赛期间总共在巴西境内举办共计64场比赛角逐出冠军。这也是首届运用门线技术的世界杯。北京时间2014年7月14日决赛场上，德国国家男子足球队加时1比0战胜阿根廷夺得冠军，马里奥·格策第113分钟上演绝杀。阿根廷、荷兰、巴西获得第2至4名。

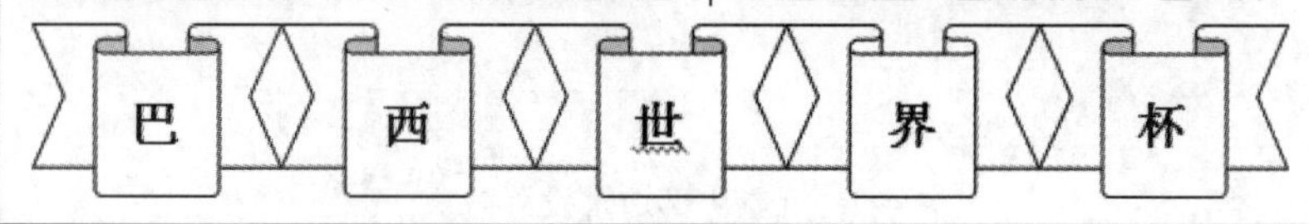

图 4-1　图文混排效果图

（1）插入艺术字：将标题改为艺术字标题，样式为“艺术字样式”库中的第1行第1列。

（2）设置艺术字格式：字体为宋体、初号；文本框上、下左右内部边距均为0；文字效果为“槽形”；形状阴影效果为外部“向下偏移”；文字环绕方式为“上下型”。

（3）设置正文各段格式：字体为宋体、五号；首行缩进2字符、单倍行距；所有“世界杯”设置成红色、加蓝色双下划线、突出显示。

（4）设置分栏及首字下沉：将最后一段分成二栏，栏宽相等，加分隔线；首字下沉2行、楷体、加“紫色80%”底纹。

（5）插入图片：如样张所示位置插入图片hb.jpg。

（6）设置图片格式：大小为高/宽为3厘米；文字环绕方式为“四周型”；加红色3磅双线边框。

（7）插入自选图形：如样张所示位置插入自选图形。

（8）设置自选图形格式：形状为无填充色；轮廓为黑色0.25磅单实线。

（9）添加自选图形文字：在自选图形上添加文字，根据文字调整形状大小；文字格式为宋体、小三号、加粗、居中，黑色。

（10）组合自选图形和版式设置；将组合后的对象的文字环绕方式设置为“嵌入型”。

3. 实验步骤/操作指导

（1）插入艺术字操作。

1）打开源文件“图文混排.docx”文档，选取标题文字“2014年巴西世界杯”。

2）切换到“插入”功能区，在“文本”组单击“艺术字”按钮，选择第一行第一列样式。

（2）设置艺术字格式操作。

1）选取艺术字的文字内容，切换到“开始”功能区，在“字体”组中设置字体为“宋体”、字号为“初号”。

2）选取艺术字文本框，切换到“绘图工具/格式”功能区，在“艺术字样式”组单击“设置文本效果格式”按扭，在弹出的“设置文本效果格式”对话框的“文本框”选项中的“内部边距”区中设置边距（设置参数如图4-2所示），单击“关闭”，完成内部边距的设置。

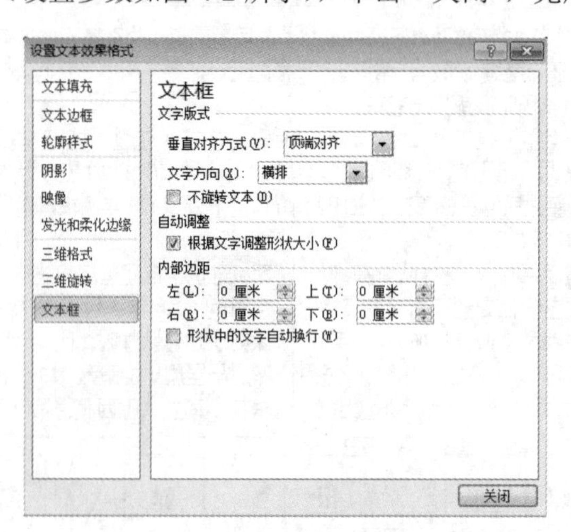

图4-2 文本内部边距设置

3）将插入点置于艺术字内容区域，切换到“绘图工具/格式”功能区，在“艺术字样式”

组单击“文本效果”三角按钮，选择“转换”菜单，再选择“槽形”样式，完成文本效果的设置。文本效果设置方法如图 4-3 所示。

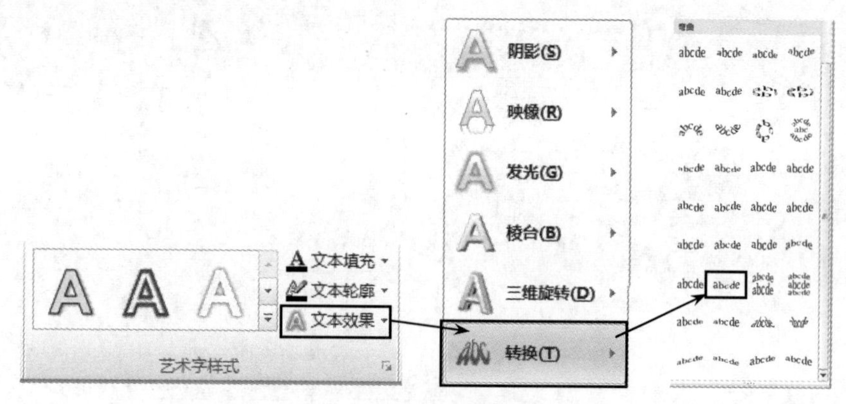

图 4-3 文本效果设置

4）将插入点置于艺术字区域，切换到“绘图工具/格式”功能区，在“形状样式”组单击“形状效果”按钮，选择“阴影”菜单，再选择“向下偏移”样式。形状效果设置方法如图 4-4 所示。

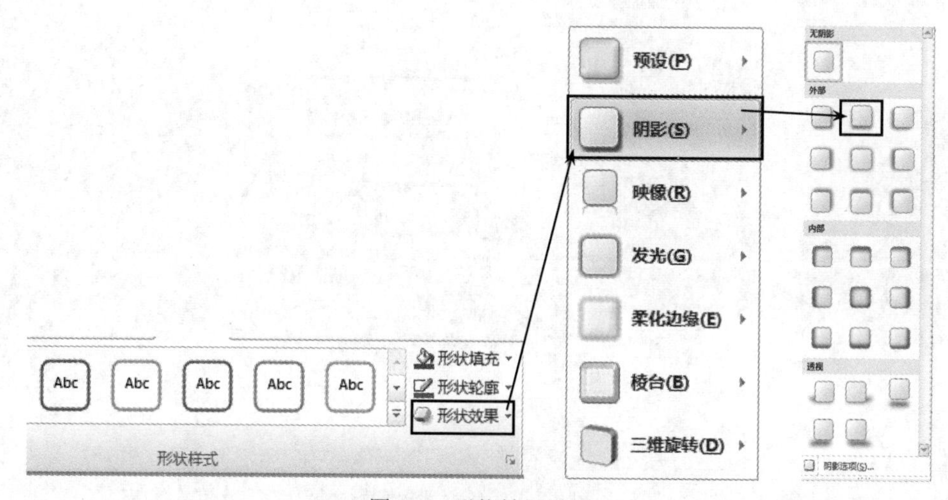

图 4-4 形状效果设置

5）将插入点置于艺术字区域，切换到“绘图工具/格式”功能区，在“排列”组单击“旋转”按钮，选择“其他旋转选项”命令，出现“布局”对话框，选择“文字环绕”选项卡，在其中选择“上下型”环绕方式，单击“确定”，完成文字环绕方式的设置。设置方法如图 4-5 所示。

（3）设置正文各段格式操作。

1）选择正文各段落，切换到“开始”功能区。

2）在“字体”组设置字体为“宋体”，字号为“五号”。

3）在“段落”组单击“段落”按钮，弹出“段落”对话框，选择“缩进和间距”选项卡，在“特殊格式”区选择“首行缩进”，磅值设置为 2 字符，在“行距”区选择“单倍行距”，单击“确定”，段落格式设置如图 4-6 所示。

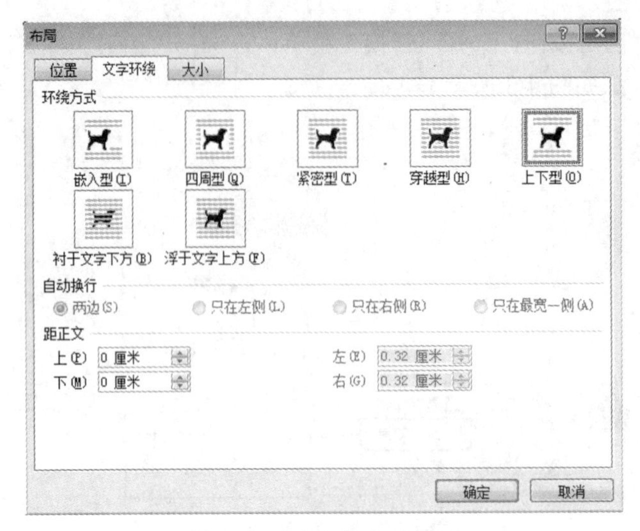

图 4-5　文字环绕方式设置

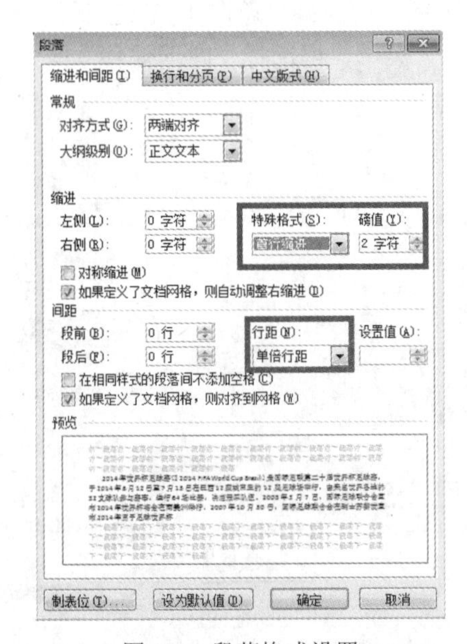

图 4-6　段落格式设置

4）在“编辑”组单击“替换”按钮，出现“查找和替换”对话框，在“查找内容”框中输入“世界杯”，在“替换为”框中输入“世界杯”，单击“更少”按钮，选择“替换为”框中的“世界杯”，单击“格式”，选择“字体”命令，出现“字体”对话框，将“字体颜色”设置为“红色”，“下划线线型”选择为“双线”，下划线颜色选择为“蓝色”，单击“确定”，再单击“格式”，选择“突出显示”，最后单击“全部替换”，完成文字内容的替换操作。替换设置如图 4-7 所示。

（4）设置分栏。

选择最后一段文字，切换到“页面布局”功能区，在“页面设置”组单击“分栏”下拉按钮，选择“更多分栏”菜单，出现“分栏”对话框，在“预设”区选择“两栏”，选择“分隔线”复选按钮，单击“确定”，完成分栏设置。分栏设置方法如图 4-8 所示。

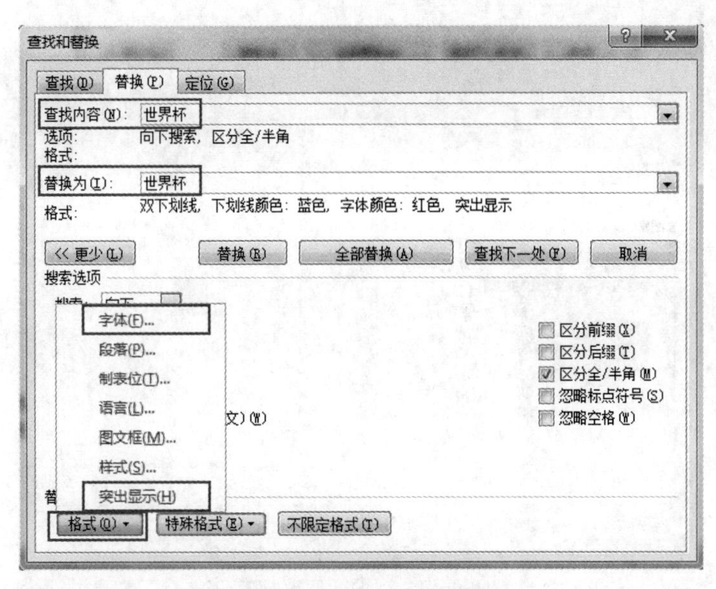

图 4-7　文本内容替换设置

（5）首字下沉操作及设置底纹操作。

1）选择最后一段文字，切换到“插入”功能区，在“文本”组单击“首字下沉”三角按钮，选择“首字下沉选项”，出现“首字下沉”对话框，在“位置”区选择“下沉”，字体设置为“宋体”，下沉行数设置为“3 行”，单击“确定”，完成首字下沉的设置。首字下沉设置方法如图 4-9 所示。

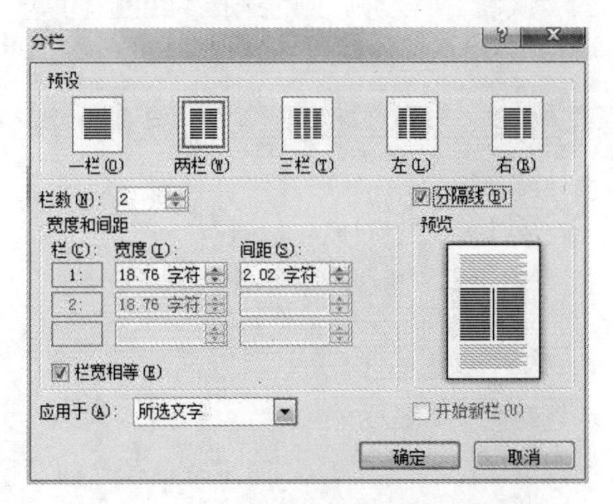

图 4-8　段落分栏设置

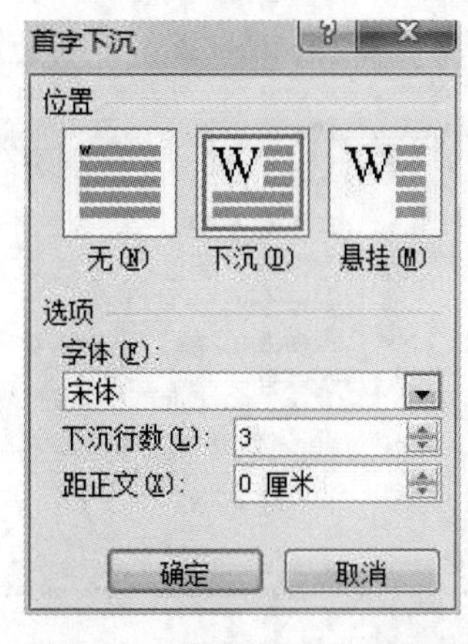

图 4-9　段落首字下沉设置

2）选择首字下沉文本，切换到“开始”功能区，在“字体”组设置字体为“楷体”，在“开始”功能区的“段落”组中单击“边框和底纹”按钮，在“底纹”选项卡中的“样式”中选择 80%，颜色选择“紫色”，设置方法如图 4-10 所示。

（6）图片插入及设置图片格式操作

确定图片插入位置，切换到“插入”功能区，在“插图”组单击“图片”按钮，出现“插入图片”对话框，选择要插入的图片 hb.jpg，单击“确定”，完成图片的插入。

1）选择图片，切换到“图片工具/格式”功能区，在“大小”组的“高度”框中输入 3 厘米，“宽度”框中输入 3 厘米，完成图片大小的设置。

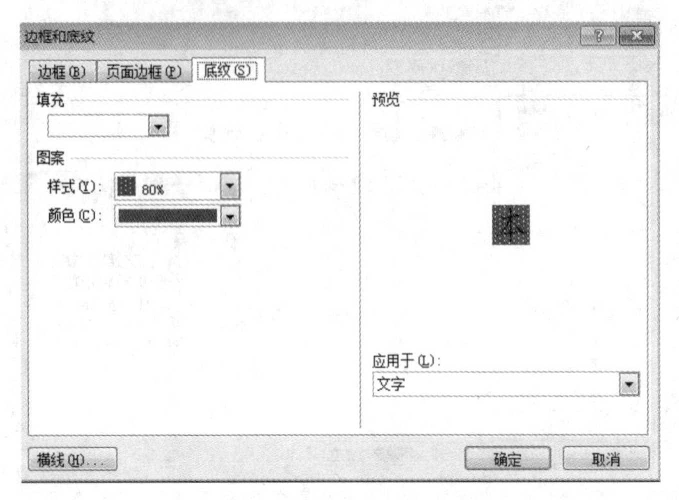

图 4-10　边框和底纹设置

2）在“排列”组单击“旋转”按钮，选择“其他旋转选项”命令，出现“布局”对话框，选择“文字环绕”卡，选择“四周型”环绕方式，单击“确定”按钮，完成文字环绕方式的设置。设置方法同如图 4-5 所示的艺术字文字环绕方式的设置。

3）在“图片样式”组单击“图片边框”按钮，选择“虚线”，单击“其他线条”命令，出现“设置图片格式”对话框，选择“线型”区，在“宽度”框中选择 3 磅，“复合类型”框中选择“双线”，切换到“线条颜色”区，选择“实线”单选项，颜色选择“红色”，单击“关闭”，完成图片边框的设置。设置方法如图 4-11 所示。

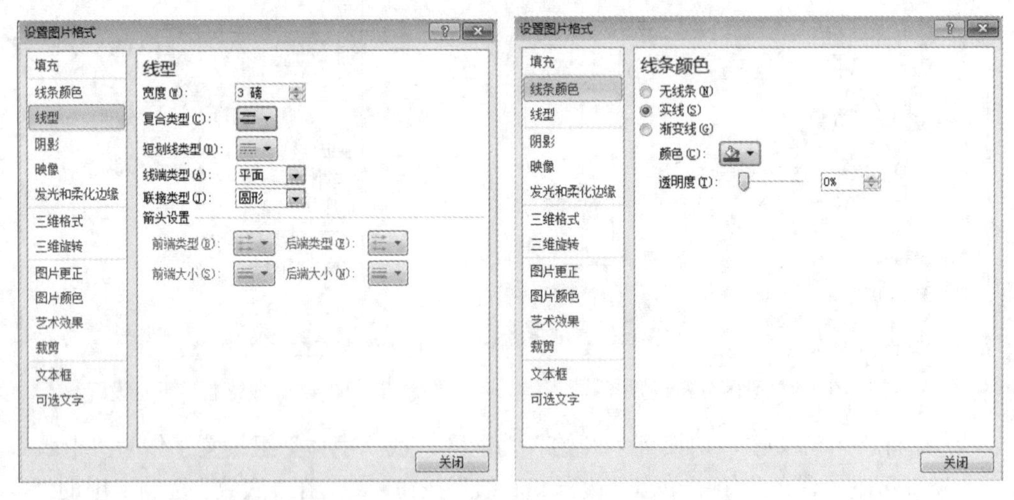

图 4-11　图片边框的设置

（7）插入自选图形操作。

切换到“插入”功能区，在“插图”组单击“形状”按钮，选择“前凸带形”形状，在文档末尾处拖动鼠标绘制适当大小的自选图形，复制自选图形 4 次，按样张所示排列好自选图形。

（8）设置自选图形格式操作。

1）选择第一个自选图形，按住 Shift 键加选其他自选图形，切换到“绘图工具/格式”功能区，在“形状样式”组单击“形状填充”按钮，选择“无填充颜色”。

2）单击“形状轮廓”按钮，选择“细线”，选择“0.25 磅”。

3）单击“形状轮廓”按钮，选择“虚线”选项，选择第一个线型“实线”。

（9）添加自选图形文字。

1）选择第一个自选图形，在“绘图工具/格式”功能区的“形状样式”组单击“设置形状格式”按钮，出现“设置形状格式”对话框，在“文本框”选项卡的“自动调整”区选择“根据文字调整形状大小”，设置方法如图 4-12 所示。

图 4-12　根据文字调整形状大小

2）选取第一个自选图形，右击选择“添加文字”命令，输入文字内容，选取输入的文字，按要求设置字体格式，完成文字的添加和格式设置。

3）按步骤 2）添加其他自选图形的文字。

（10）组合自选图形和版式设置。

1）选取所有的自选图形，右击选择“组合”，单击“命令”命令，即可将所有的自选图形组合成一个对象。

2）右击组合对象，选择“其他布局选项”命令，弹出“布局”对话框，设置“嵌入型”文字环绕方式。

以上是根据实验任务与要求完成的所有操作，最后的操作效果可参考样张。通过以上的实验可以发现图文混排操作就是文字编排与图形编辑的混合运用。其要点如下：

- 规划版面：对版面的结构、布局进行规划。
- 准备素材：提供版面所需的文字、图片资料。
- 着手编辑：充分运用文本框、图形对象的插入与格式设置等基本操作，完成混排。

实验 4-2　Word 2010 表格操作

任务：表格处理

1. 实验目的

（1）掌握规则表格的设计方法。

（2）掌握合并单元格、拆分单元格、拆分表格的方法。

（3）掌握对表格进行边框、行高、列宽、线型等设置。

（4）掌握利用公式对表格中的数据进行计算和排序。

2. 实验任务与要求

启动 Word 2010，新建“表格操作.docx”文档文件，按下列要求操作，最后完成结果如图 4-13 所示。

某企业产品销售数量情况表					
日期 产品名	2013 年		2014 年		2015 年
	上半年	下半年	上半年	下半年	上半年
打印机	544	423	698	881	887
扫描仪	423	253	601	457	233
投影机	321	224	124	314	109
总计	1288	900	1423	1652	1229
年度平均值	1094		1094		1229
销售总计	6492				

图 4-13　表格操作效果样张

（1）绘制表格：制作一个 9 行 6 列的规则表格。

（2）合并单元格：按样张所示合并相应单元格。

（3）设置列宽和行高。

- 设置第 1 行行高为 1.2 厘米，第 2 行～第 9 行行高为 0.7 厘米。
- 设置第 1 列列宽为 4 厘米，第 2 列～第 6 列列宽为 2 厘米。

（4）绘制斜线：按样张所示绘制斜线。

（5）输入表格内容：按样张所示输入单元格内容。

（6）格式化表格内容。

- 第 1 行：单元格水平及垂直居中，字体为楷体、加粗、三号字。
- 第 2 行第 2 列～第 3 行第 6 列：中部居中，字体为楷体、五号字。
- 第 1 列第 4 行～第 9 行：中部两端对齐，字体为楷体、五号字。
- 第 2 列第 4 行～第 6 列第 7 行：靠下右对齐，字体为楷体、五号字。

（7）修饰表格。

- 将第 1 行的边框设置为双线、褐色、0.75 磅，并将该行底纹设置为黄色。

- 将第 7 行的底纹设置为“白色-25%”，底纹的图案式样为 10%，颜色为红色。

（8）输入公式计算单元格：第 7～9 行的数据要求用表格中的公式计算。

3. 实验步骤/操作指导

（1）绘制表格。

将插入点置于文档表格插入位置，切换到“插入”功能区，在“表格”组单击“表格”三角按钮，选择“插入表格”命令，出现“插入表格”对话框，在其中输入绘制表格的行数 9 和列数 6，单击“确定”，一个规则的 9 行 6 列的表格就插入到文档中了。插入表格设置如图 4-14 所示。

（2）合并单元格。

1）选取表格第 1 行，切换到“表格工具/布局”功能区，在“合并”组（如图 4-15 所示）单击“合并单元格”按钮，即可将第一行合并成一个单元格。

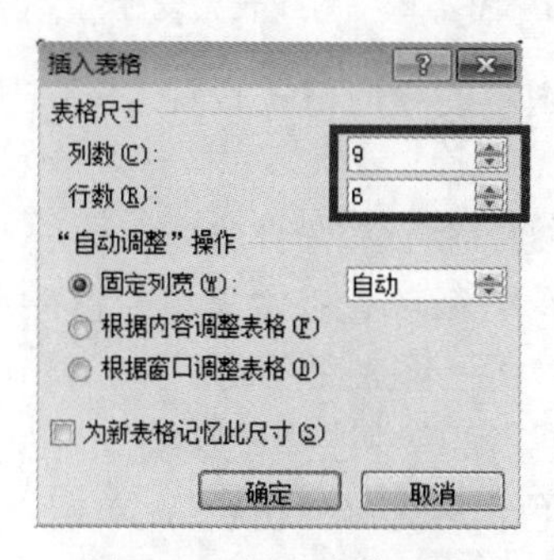

图 4-14　插入表格设置

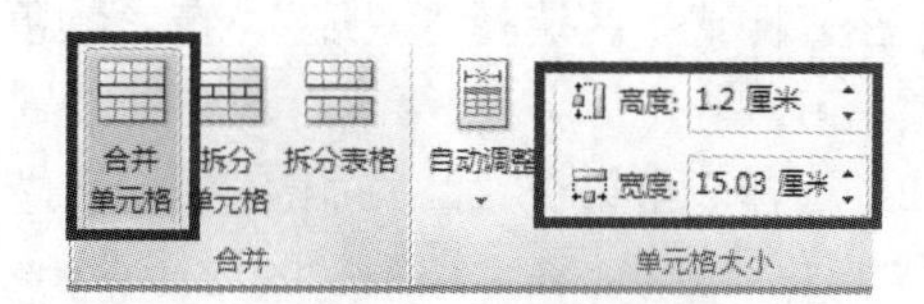

图 4-15　“合并”及“单元格大小”组

2）按照上一步操作完成其他相应单元格的合并。

（3）设置列宽和行高。

1）选择表格第一行“单元格大小”组（如图 4-15 所示），在“高度”框中输入“1.2 厘米”，用鼠标选中第二行至最后一行，在“高度”框中输入“0.7 厘米”，完成表格行高的设置。

2）将鼠标指向表格左上角的十字交叉标记，选中表格全部，右击选定区，选择“表格属性”，出现“表格属性”对话框，选择“列”选项卡，单击“后一列”按钮，选中表格第 1 列，在“指定宽度框”中输入“4 厘米”，单击“后一列”按钮，选中表格第 2 列，在指定宽度框中输入“2 厘米”，用同样方法完成其他列宽度的设置，单击“确定”，完成列宽的设置。表格列宽设置如图 4-16 所示。

（4）绘制斜线

选择要绘制斜线的单元格，右击选择“边框与底纹”命令，出现“边框与底纹”对话框，在“边框”选项卡中单击“斜线”按钮，如图 4-17 所示设置，单击“确定”，完成斜线绘制。

（5）输入表格内容。

按照样张所示输入单元格内容。

（6）格式化表格内容。

1）选择表格第 1 行，在“开始”功能区的“字体”组设置楷体、加粗、三号字体，完成对第 1 行单元格内容的字体设置。

2）选择表格第 1 行，右击鼠标，在“单元格对齐方式”菜单中选择“水平及垂直居中”，完成第 1 行单元格对齐方式的设置。

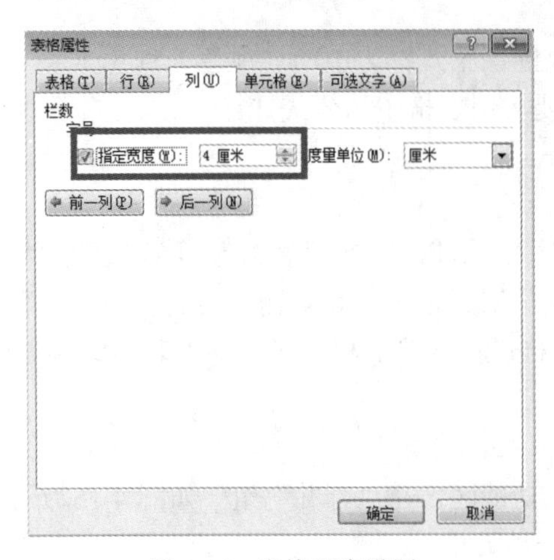

图 4-16 表格列宽设置

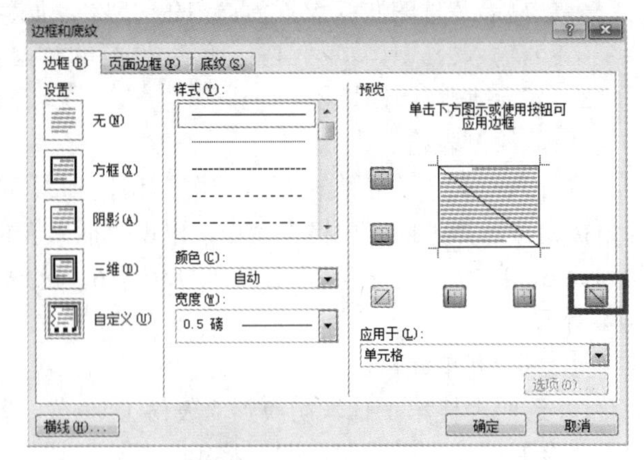

图 4-17 斜线表头设置

3）按照上两步操作，按照样张完成对其他单元格内容的相应格式设置。

（7）修饰表格。

1）选择表格第 1 行，右击鼠标，选择“边框和底纹”命令，在“边框”选项卡选择“方框”，在“样式”区选择“双线”，在“颜色”框中选择“深红”，在“宽度”区中选择“0.75 磅”，单击“确定”，完成第 1 行边框的设置。边框设置如图 4-18 所示。

2）选择表格第 7 行，右击鼠标，在“边框和底纹”菜单中选择“底纹”，在“填充”区选择“白色-25%”，在“图案”区选择“10%”，在“颜色”区选择“橙色”，单击“确定”，完成第 7 行底纹的设置。底纹设置如图 4-18 所示。

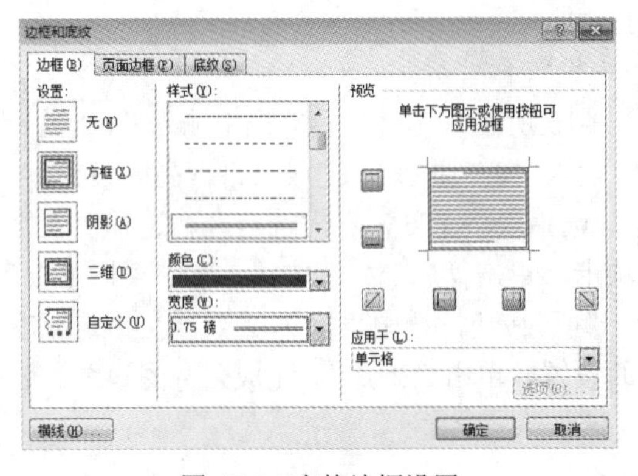

图 4-18 表格边框设置

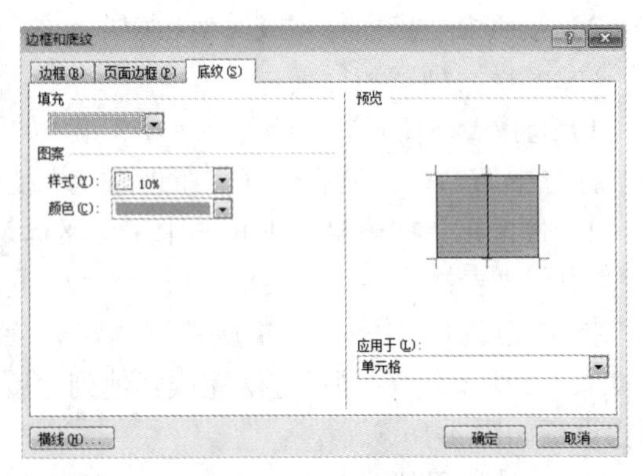

图 4-19 表格底纹设置

3）按照以上操作完成其他相应单元格的修饰。

（8）输入公式计算单元格。

1）将插入点置于第 7 行第 2 列，在“表格工具/布局”功能区的“数据”组中单击“公式”按钮，出现“公式”对话框，单击“确定”，上面单元格数据之和显示在单元格中。计算上方单元格数据之和的设置如图 4-20 所示。

2）将插入点置于第 7 行第 3 列，按 F4 键，上面单元格数据之和显示在单元格中。

3）第 7 行的第 4～6 列单元格均可按步骤 2）的方法将相应单元格上的数据之和显示在对应单元格中。

4）将插入点置于单元格第 8 行的第 2 列单元格，单击“公式”按钮，在“粘贴函数”区选择“average()”，在“公式”区修改为“=average(b7:c7)”（注意用英文下的标点符号），单击“确定”，上方两个单元格的数据平均值将显示在单元格中。平均值计算设置如图 4-21 所示。

5）按照样张计算其他单元格的数值。

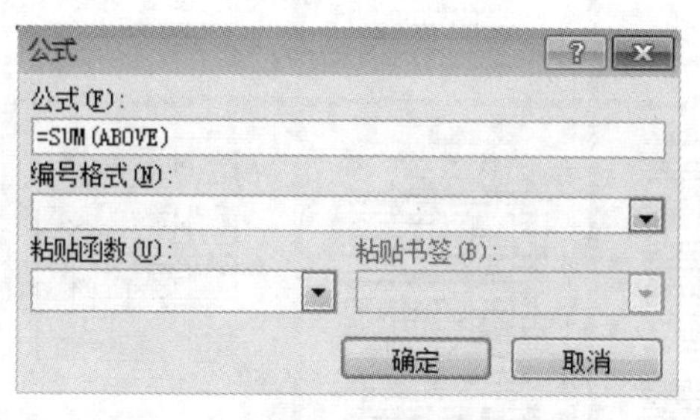

图 4-20　计算上方单元格数据之和

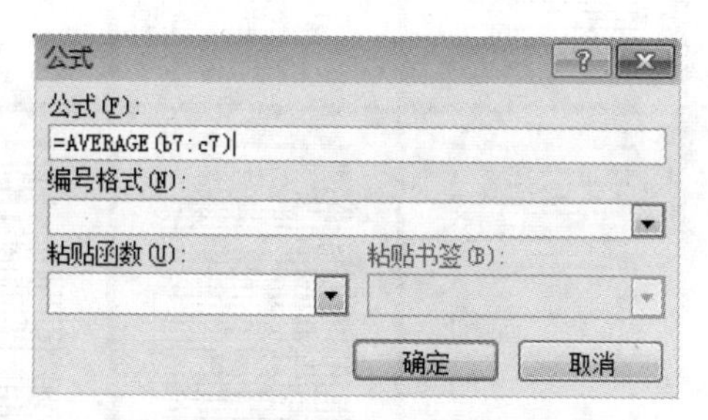

图 4-21　计算上方单元格平均值

实验 4-3　书籍资料排版

任务：论文排版

1. 实验目的

（1）掌握文档的页面设置的操作方法。

（2）掌握通过创建和应用样式，建立多级标题的方法。

（3）掌握在同一文档中设置不一样的页码、页眉和页脚的操作方法。

（4）掌握快速把图片或图表插入题注的操作方法。

（5）掌握目录插入和编排的操作方法。

2. 实验任务与要求

启动 Word 2010，打开“书籍资料排版.docx”文件，按下列要求完成对文档的排版操作，实际操作中应该结合各自的排版需要加以灵活运用，最后效果如图 4-22 所示。

（1）页面设置。

在进行文档排版时，在长篇文档编辑中要先把页面设置好才能大致看到文档的最终页面效果，避免后面因页面设置而造成页面混乱的现象。

本实验设置要求：上边距 2.5 厘米，下边距 2 厘米，内侧 2.5 厘米，外侧 2 厘米，对称页边距，应用于整篇文档。

（2）正文样式格式设置。

正文样式一般用默认，需要批量设置首行缩进。

本实验设置要求：宋体、五号、单倍行距、首行缩进 2 字符、段前段后 0 行。

（3）设置多级标题。

通过创建和应用样式，建立多级标题。当后期对文档进行修订、更改操作时，文档就会根据设置的样式自动更新排版，避免从头到尾再次进行重复繁杂的简单操作。

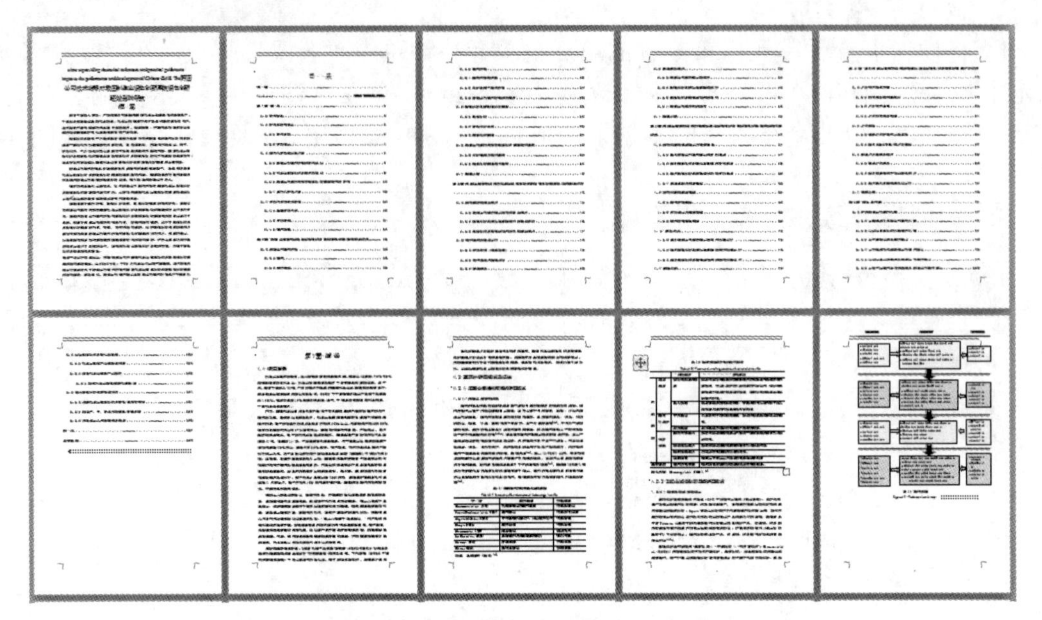

图 4-22 书籍资料排版样张

本例设置三级标题，各标题格式要求如下。

- 一级标题：黑体、二号；段前段后 0.5 行。
- 二级标题：宋体、三号；单倍行距，段前段后 0.5 行。
- 三级标题：黑体、小四；1.5 倍行距，段前段后 0.5 行。

（4）设置多级列表。

在完成多级标题设置后，通过设定多级列表可快速实现章节编号，此外图表题注的生成也需要先设定章节列表。

本实验设置三级列表，章节编号设置要求如下。

- 级标题：1
- 二级标题：1.1
- 三级标题：1.1.1

（5）插入目录。

目录是书籍所必须具备的重要组成部分，通过目录，读者不仅可以了解到图书内容的基本层次结构，还可以便捷地找到所要查阅内容所对应的页码，从而有效地提高阅读效率。

本实验操作要求：在文章标题前插入三级文档目录，显示页码，页码右对齐。

（6）分节设置。

为了便于对不同章节的文档的页眉和页脚进行不同的设置。

本实验设置要求：将目录和正文单独进行分节设置，单独设置页码。

（7）插入页眉/页脚。

本实验设置要求：

- 正文第一页页眉不显示任何内容。
- 正文第二页及第二页之后的所有奇数页页眉显示章节标题，显示位置和内容参考样张。
- 正文第二页及第二页之后所有偶数页显示书籍名称，显示位置和内容参考样张。

（8）插入页码。

插入页码是大家在使用 Word 时经常用到的功能。

本实验设置要求：

- 目录页码：页码用 I、II…罗马字母，显示位置参考样张。
- 正文页码：页码用 1、2…页码格式，显示位置参考样张。

（9）快速插入图片题注。

通过 Word 题注的自动生成不仅能够快速给论文中的每张图按章节自动编号，而且在图表发生变化，如在当前图前面删除或者增加图表时，编号也会动态地改变。

本实验操作要求：给文档中所有的图或图表修改成自动题注。

（10）更新目录

目录插入完成后，为了避免在以后的编辑文档过程中，可能修改标题名称或页码会发生变化，使文档目录不一致，一般在最后完成编辑之前，要进行更新目录操作。

本实验操作要求：对文档做更新目录操作，更新整个目录。

3. 实验步骤/操作指导

（1）页面设置。

切换到“页面布局”功能区，在“页面设置”组单击“页面设置”按钮，弹出“页面设置”对话框，按要求设置相关参数，如图 4-23 所示，单击“确定”，完成页面设置。

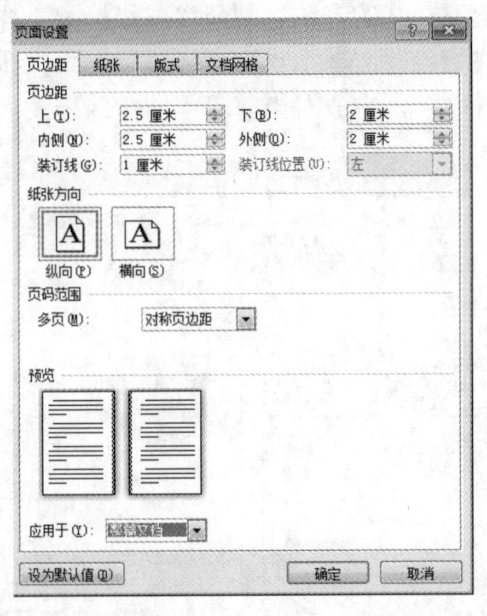

图 4-23　“页面设置”对话框

（2）正文样式格式设置。

1）切换到“开始”功能区，在“样式”组单击“快速样式”三角按钮，出现快速样式面板，右击“正文”样式，选择“修改”，出现“修改样式”对话框，单击“格式”按钮，选择“字体”命令，在“字体”对话框中按要求完成字体设置，单击“段落”命令，在“段落”对话框中按要求完成段落设置，单击“确定”，完成正文样式的修改。操作方法如图 4-24 所示。

2）选择正文各段落，在“开始”功能区的“样式”组的“快速样式”面板中单击“正文”样式，“正文”样式定义的格式应用到所选文字，完成样式的应用。

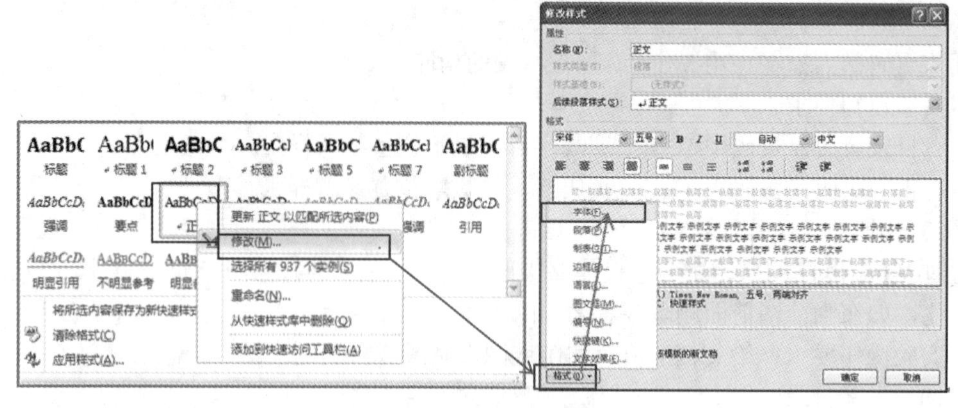

图 4-24 修改样式操作

（3）设置多级标题。

1）在“样式”组中单击“快速样式”三角按钮，选择“将所有内容保存为新快速样式”，出现“根据格式设置创建新样式”对话框，输入样式名称“章节标题”，单击“修改”按钮，在“根据格式设置创建新样式”对话框中设置字体为黑体、二号，单击“格式”按钮，选择“段落”，在“段落”对话框中根据要求完成段落格式的设置，单击“确定”，完成“章节标题”样式的创建，在“快速样式”面板将自动出现新创建的样式。创建方法如图 4-25 所示。

2）根据创建“章节标题”样式的方法，创建“二级标题”样式和“三级标题”样式。

3）选择要设置标题样式的段落，单击“快速样式”三角按钮，在面板中选择单击相应的标题样式（如“二级标题”样式），完成对当前段落的标题样式设置。

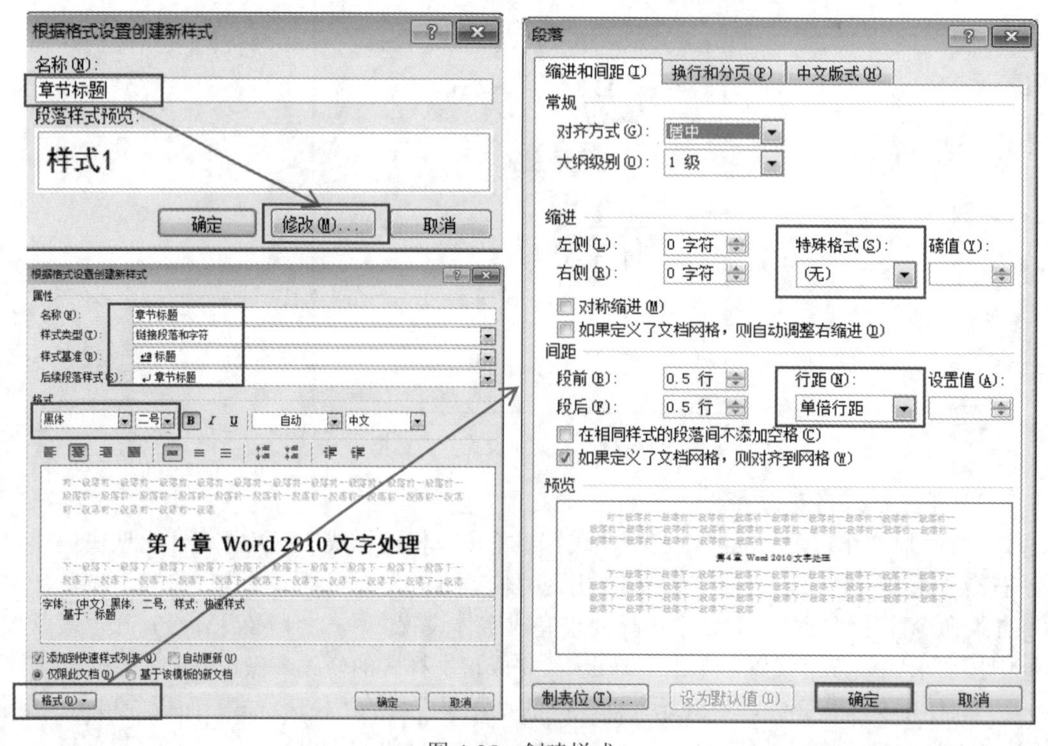

图 4-25 创建样式

4）根据步骤 3）设置所有的标题段落，完成文档多级标题的设置。

5）切换到“视图”功能区，在“显示”组选择“导航窗格”复选按钮，在窗口右侧的“导航”面板中将出现设置好的所有标题的文档组织结构，如图 4-26 所示。

（4）设置多级列表。

1）切换到“开始”功能区，在“段落”组单击“多级列表”三角按钮，选择“定义新的多级列表”，出现“定义新多级列表”对话框，如图 4-27 所示，选择要修改的级别“1”，在“将级别链接到样式”区选择“章节标题”。

2）其他级别的编号设置方法同上。

3）根据需求，完成其他格式的设置，单击“确定”，完成多级列表的设置。

图 4-26　文档组织结构图

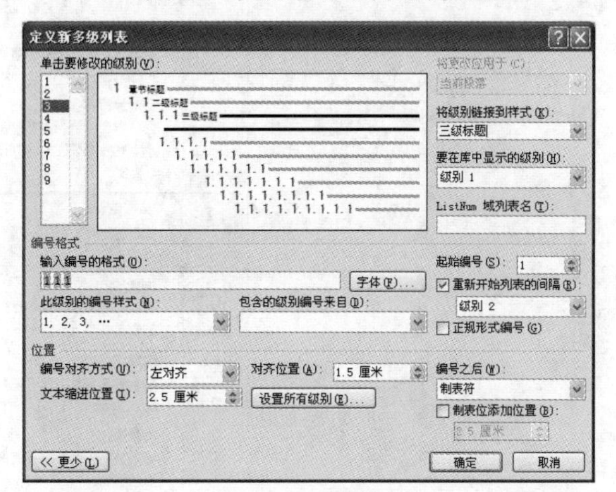

图 4-27　定义新多级列表

（5）插入目录。

1）将插入点置于章节标题“第 4 章 字表处理软件 Word 2010”开始处，切换到“引用”功能区，在“目录”组单击“目录”三角按钮，选择“插入目录”命令，弹出“目录”对话框，按图 4-28 所示设置相关参数，单击“确定”，在章节标题前面插入了三级文档目录，并且显示页码，页码右对齐。

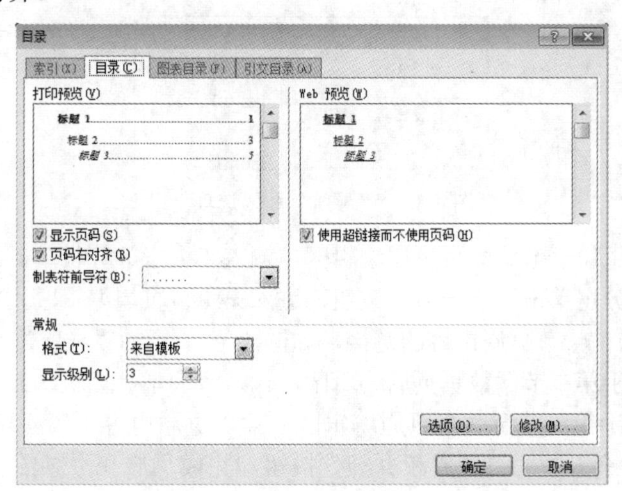

图 4-28　目录设置

2）在插入的目录前一行输入文字“目录”，选择“目录”文字，切换到“开始”功能区，单击“快速样式”三角按钮，选择“标题”样式，完成标题“目录”格式设置。

（6）分节设置。

将插入点置于章节标题的开始位置，切换到“页面布局”功能区，在“页面设置”分组单击“分隔符”三角按钮，出现“分隔符”面板（如图4-29所示），选择“下一页”选项，完成分节符的插入，目录部分为第一节，正文部分为第二节。

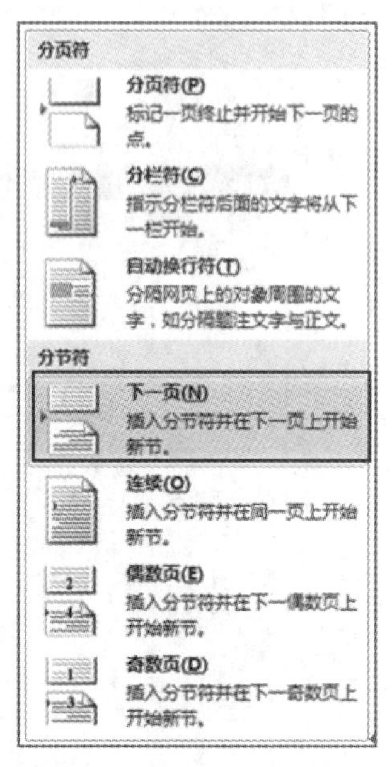

图4-29 “分隔符”面板

（7）插入页眉/页脚。

1）将插入点置于第一节（目录）的任意页，双击该页“上边距”区，进入页眉编辑区，切换到“页眉和页脚工具/设计”功能区，在“选项”分组选择“奇偶页不同”和“首页不同”两个复选框，取消“显示文档文字”复选框（如图4-30所示的“选项”组）。

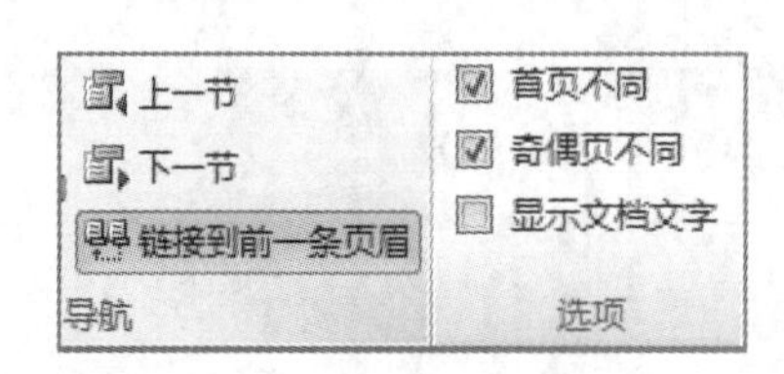

图4-30 “导航”和“选项”组

2）将插入点置于第一节偶数页页眉编辑区，输入“大学计算机基础”页眉内容。

3）在“导航”分组单击“下一节”按钮，进入第二节页眉编辑区，单击“链接到前一条页眉”按钮，取消与前一节页眉内容的链接，如图4-30所示的“导航”组。

4）将插入点置于第二节偶数页页眉编辑区，输入“大学计算机基础”页眉内容。

5）将插入点置于第二节奇数页页眉编辑区，输入页眉内容“第4章 Word 2010文字处理”，在“关闭”组单击“关闭页眉和页脚”按钮，完成页眉和页脚的设置。具体设置如图4-31所示。

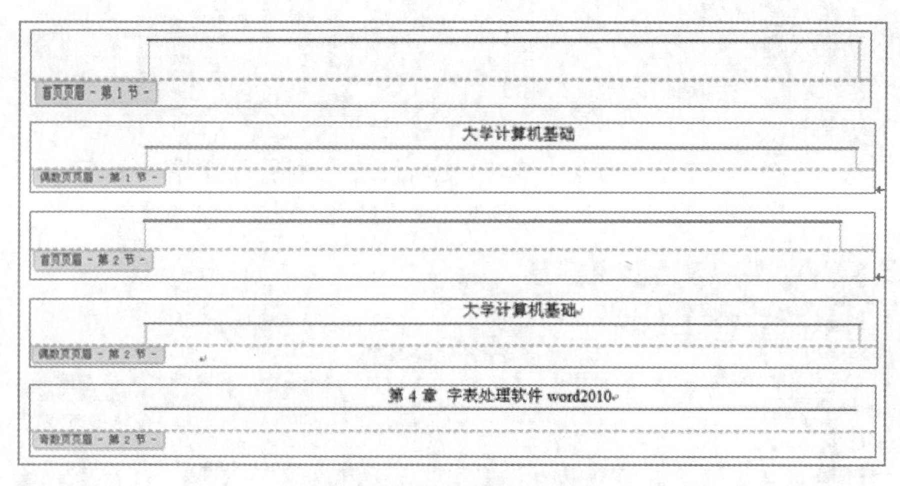

图 4-31　页眉/页脚的设置

（8）插入页码。

1）将插入点置于目录首页，切换到“插入”功能区，在“页眉和页脚”组单击“页码”下拉按钮，选择“页面底端”选项，选择“普通数字 2”。

2）将插入点置于目录的偶数页，在“页眉和页脚”组，单击“页码”下拉按钮，选择“页面底端”选项，选择“普通数字 2”。

3）在“页眉和页脚”组单击“页码”下拉按钮，选择“页码格式”选项，弹出“页码格式”对话框，按照图 4-32 所示设置页码格式，单击“确定”，完成第 1 节页码的插入和格式设置。

4）按照上面步骤 1）、2），在正文的首页和偶数页分别插入页码，页码格式如图 4-33 所示设置，完成第 2 节的页码插入和格式设置。

图 4-32　第 1 节页码格式设置

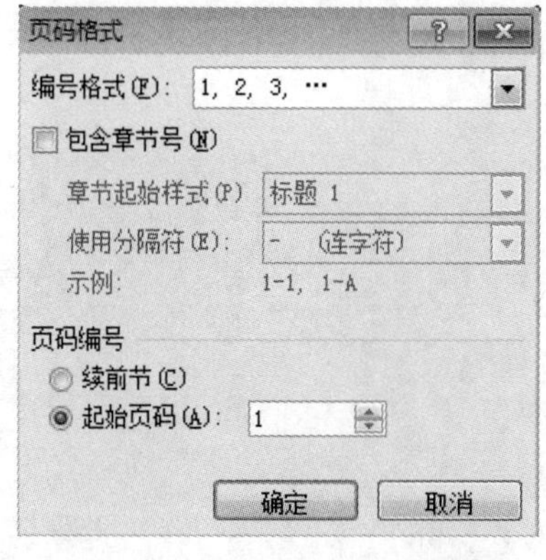

图 4-33　第 2 节页码格式设置

（9）快速插入图片题注。

1）右击第一张图，选择“插入题注”命令，弹出“题注”对话框，单击“新建标签”按钮，设置标签名为“图”，单击“确定”，单击“编号”按钮，设置编号格式，勾选“包含章节号”，单击“确定”，在图下方自动插入题注。插入题注设置如图 4-34 所示。

2）右击第二张图，选择“插入题注”命令，弹出“题注”对话框，单击“确定”按钮，在图下方自动插入题注。

3）重复步骤2)，给其他图片插入题注。

（10）更新目录。

右击目录，选择“更新域”命令，弹出“更新目录”对话框，选择“更新整个目录”，如图4-35所示，单击“确定”，目录将自动修改目录和页码，完成目录的更新。

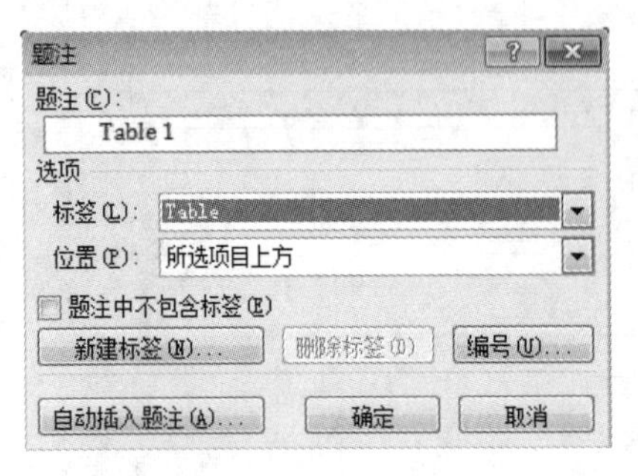

图4-34 插入题注设置

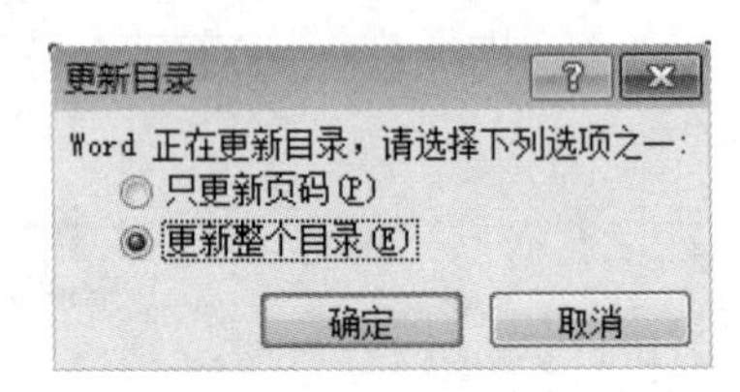

图4-35 更新目录

第 5 章　电子表格处理软件 Excel 2010

实验 5-1　Excel 2010 文件的操作及数据的录入

任务 1：工作簿的创建和工作表的建立与管理

1. 实验目的

熟悉 Excel 2010 的操作界面，掌握 Excel 2010 工作簿和工作表的建立操作方法与管理操作。

2. 实验任务与要求

（1）建立一个 Excel 2010 的工作簿和工作表。

（2）掌握数据的基本录入操作。

（3）进行工作表重命名、删除等操作。

3. 实验步骤/操作指导

【例 5-1】学生成绩工作表的建立。

在计算机的 D 盘中创建一个名为“Excel 2010 实验”的文件夹，然后在这个文件夹中建立一个名为“学生成绩”的 Excel 工作簿，并将其中名为“Sheet1”的工作表命名为“学生成绩表”。

具体操作如下。

（1）打开 D 盘根目录，右击，弹出快捷菜单，选择“新建”，执行“文件夹”命令，将文件夹命名为“Excel 2010 实验”。

（2）启动 Excel 2010，单击“文件”功能区，选择“另存为”命令，将“工作簿”重新命名成“学生成绩”并保存在“D:\Excel 2010 实验”文件夹中。

（3）双击表标签“Sheet1”（或右击后在快捷菜单中选择“重命名”），将“Sheet1”修改为“学生成绩表”。

（4）按组合键 Ctrl+S 保存文件。

【例 5-2】学生成绩工作表的数据编辑。

在“学生成绩表”中输入图 5-1 中的内容。

	A	B	C	D	E	F	G
1	计算机应用班学生成绩表						
2	学号	姓名	公外	高数	VB程序设计	体育	计算机基础
3	1501001	王强	78	79	97	89	93
4	1501002	廉丽	90	78	96	80	89
5	1501003	王新	69	69	91	81	83
6	1501004	张强	43	60	93	78	86
7	1501005	李浩	91	86	91	78	86
8	1501006	董灵	79	73	90	69	90
9	1501007	李丽	70	79	90	68	90
10	1501008	高新	80	68	95	67	86

图 5-1　学生成绩表

具体操作如下。

（1）在单元格 A1、A2、B2、C2、D2、E2、F2、G2 中分别输入“计算机应用班学生成绩表”“学号”“姓名”“公外”“高数”“VB 程序设计”“体育”“计算机基础”。

（2）在对应单元格输入其他内容。

（3）注意其中的学号首先在 A3 中输入“1501001”，然后将鼠标放到该单元格的右下角，鼠标变成十字叉形状时，按住鼠标右键拖拽到 A10，然后松开鼠标右键在弹出的快捷菜单中选择“填充序列”命令就会自动生成按顺序排序的学号。

（4）最后按组合键 Ctrl+S 保存文件。

【例 5-3】学生成绩工作表的复制与重命名。

将“学生成绩表”复制一个放到同一工作簿中，取名为“编辑格式化后的学生成绩表”。

具体操作如下。

（1）右击工作表标签“学生成绩表”，在弹出的快捷菜单中选择“移动或复制”命令，再在弹出的对话框中勾选“建立副本”，单击“确定”按钮，这时，工作簿中插入了一个工作表“学生成绩表（2）”。

（2）双击新插入的工作表标签，将表名“学生成绩表（2）”修改为“编辑格式化后的学生成绩表”，单击快速工具栏中的“保存文件”按钮。

任务 2：编辑与格式化工作表

1. 实验目的

单元格的合并、字符格式设置、表格边框的设置。

2. 实验任务与要求

（1）了解字符的格式设置，熟练掌握工作表行和列的选定及行高和列宽的调整等操作。

（2）熟练掌握单元格的合并与拆分，掌握单元格的数字、对齐、字体和边框等格式设置。

3. 实验步骤/操作指导

【例 5-4】编辑格式化后的学生成绩工作表的单元格格式设置。

对工作表“编辑格式化后的学生成绩表”进行美化。

操作步骤如下。

（1）合并单元格。

选择“编辑格式化后的学生成绩表”中的 A1 至 G1 单元格，右击鼠标，在弹出的快捷菜单中选择“设置单元格格式”命令，在弹出的“设置单元格格式”对话框中选择“对齐”属性页，在“文本控制”项目中将“合并单元格”复选框前打上“√”，如图 5-2 所示。

（2）编辑文字格式。

选择“计算机应用班学生成绩表”文字，将“开始”功能区“字体”组中的“字体”设置为“黑体”，“字号”设置为“22”，设置对齐方式为“居中”。选中 A2 至 G10 单元格，设置“字体”为“宋体”，“字号”设置为“20”，设置对齐方式为“居中”，效果如图 5-3 所示。

（3）行高与列宽的修改。

在图 5-3 中，可以看到单元格的宽度或高度不合适，内容超出单元格的宽度或高度。将光标放在 A 列与 B 列标号的交界线，此时，鼠标变为“✥”形状，按住鼠标左键不放，向右拖动到合适位置松开鼠标，按照同样的方法对其他行和列进行设置，效果如图 5-4 所示。

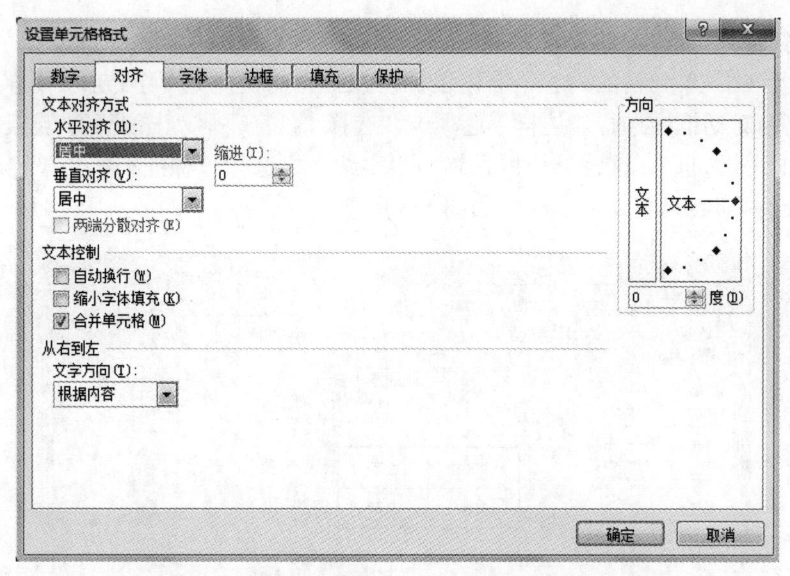

图 5-2　“设置单元格格式”对话框的“对齐”选项卡

	A	B	C	D	E	F	G
1	计算机应用班学生成绩表						
2	学号	姓名	公外	高数	程序设	体育	计算机基础
3	50100(	王强	78	79	97	89	93
4	50100(	廉丽	90	78	96	80	89
5	50100(	王新	69	69	91	81	83
6	50100(	张强	43	60	93	78	86
7	50100(	李浩	91	86	91	78	86
8	50100(	董灵	79	73	90	69	90
9	50100(	李丽	70	79	90	68	90
10	50100(	高新	80	68	95	67	86

图 5-3　设置单元格后的编辑效果

	A	B	C	D	E	F	G
1	计算机应用班学生成绩表						
2	学号	姓名	公外	高数	VB程序设计	体育	计算机基础
3	1501001	王强	78	79	97	89	93
4	1501002	廉丽	90	78	96	80	89
5	1501003	王新	69	69	91	81	83
6	1501004	张强	43	60	93	78	86
7	1501005	李浩	91	86	91	78	86
8	1501006	董灵	79	73	90	69	90
9	1501007	李丽	70	79	90	68	90
10	1501008	高新	80	68	95	67	86

图 5-4　修改行高和列宽后的效果

（4）表格边框的设置。

现在的表格虽然能看见灰色的边框线，但在实际打印输出时，这些线是不会输出的，为了能输出表格线，可以进行如下设置。

选择 A2 至 G10 单元格的内容，右击鼠标，在弹出的快捷菜单中选择“设置单元格格式”命令，在弹出的对话框中选择“边框”选项卡，选择“线条”区“样式”中的粗实线，再单击“预置”中的“外边框”，这时外边框设置为粗实线，再选择一种细实线，单击“预置”中的“内部”，这时内部线设置为细实线，如图 5-5 所示。

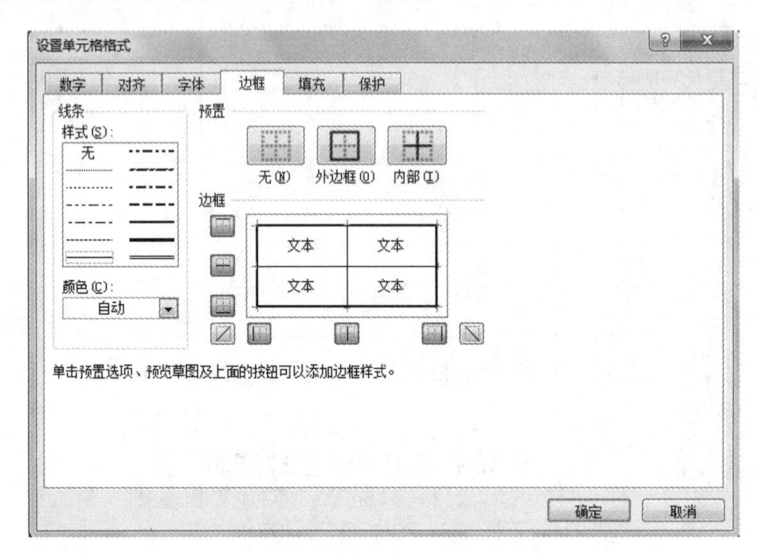

图 5-5 表格的边框线设置

（5）单击“确定”按钮，最后的效果如图 5-6 所示。

	A	B	C	D	E	F	G
1	计算机应用班学生成绩表						
2	学号	姓名	公外	高数	VB程序设计	体育	计算机基础
3	1501001	王强	78	79	97	89	93
4	1501002	廉丽	90	78	96	80	89
5	1501003	王新	69	69	91	81	83
6	1501004	张强	43	60	93	78	86
7	1501005	李浩	91	86	91	78	86
8	1501006	董灵	79	73	90	69	90
9	1501007	李丽	70	79	90	68	90
10	1501008	高新	80	68	95	67	86

图 5-6 编辑格式化后的表格效果

【例 5-5】数据有效性设置和单元格格式设置。

打开如图 5-7 所示的“编辑格式化后的学生成绩表”，观察所有学生的成绩数据，数据都在 0～100 之间，此时，为了防止数据输入错误，可将其各科成绩单元格的数据属性设置成只能输入 0～100 之间的数据。

（1）设置数据的有效条件。

选择 C3 至 I10 单元格区域，单击“数据”功能区，选择“数据工具”组中的“数据有效性”，如图 5-8 所示。

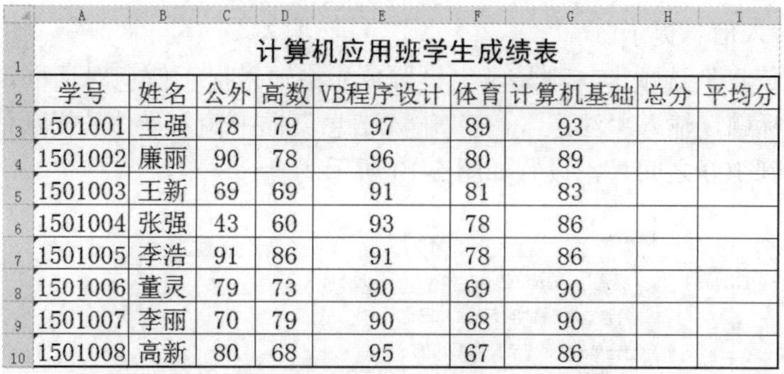

计算机应用班学生成绩表

学号	姓名	公外	高数	VB程序设计	体育	计算机基础	总分	平均分
1501001	王强	78	79	97	89	93		
1501002	廉丽	90	78	96	80	89		
1501003	王新	69	69	91	81	83		
1501004	张强	43	60	93	78	86		
1501005	李浩	91	86	91	78	86		
1501006	董灵	79	73	90	69	90		
1501007	李丽	70	79	90	68	90		
1501008	高新	80	68	95	67	86		

图 5-7　要设置数据有效性验证的电子表格

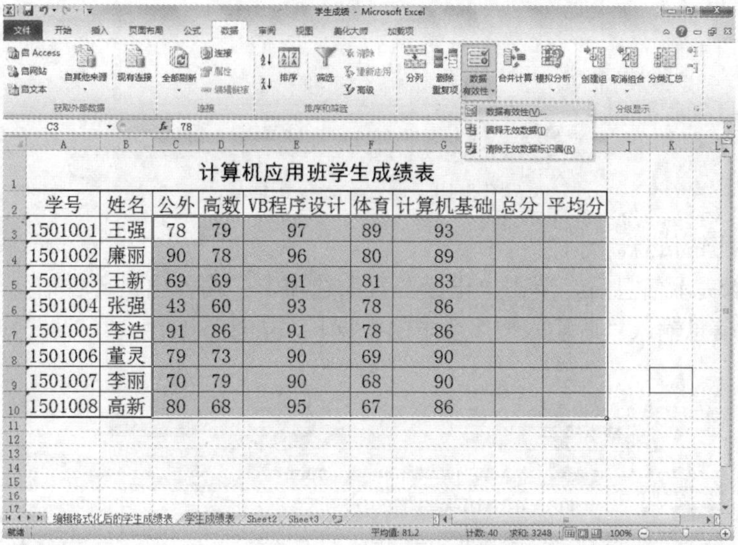

学生成绩 - Microsoft Excel
文件 开始 插入 页面布局 公式 数据 审阅 视图 美化大师 加载项
自 Access 自网站 自文本 自其他来源 现有连接 全部刷新 连接 属性 编辑链接 排序 筛选 清除 重新应用 高级 分列 删除重复项 数据有效性 合并计算 模拟分析 创建组 取消组合 分类汇总
获取外部数据 连接 排序和筛选 分级显示
数据有效性(V)...
圈释无效数据(I)
清除无效数据标识圈(R)
C3 78

计算机应用班学生成绩表

学号	姓名	公外	高数	VB程序设计	体育	计算机基础	总分	平均分
1501001	王强	78	79	97	89	93		
1501002	廉丽	90	78	96	80	89		
1501003	王新	69	69	91	81	83		
1501004	张强	43	60	93	78	86		
1501005	李浩	91	86	91	78	86		
1501006	董灵	79	73	90	69	90		
1501007	李丽	70	79	90	68	90		
1501008	高新	80	68	95	67	86		

编辑格式化后的学生成绩表 学生成绩表 Sheet2 Sheet3
就绪 平均值: 81.2 计数: 40 求和: 3248 100%

图 5-8　数据有效性命令

弹出“数据有效性”对话框，在“设置”选项卡中设置单元格数据的有效条件。单击“允许”列表框，选择有效数据类型“整数”，在“数据”列表框中设置数据的有效条件，介于 0～100 之间，如图 5-9 所示。

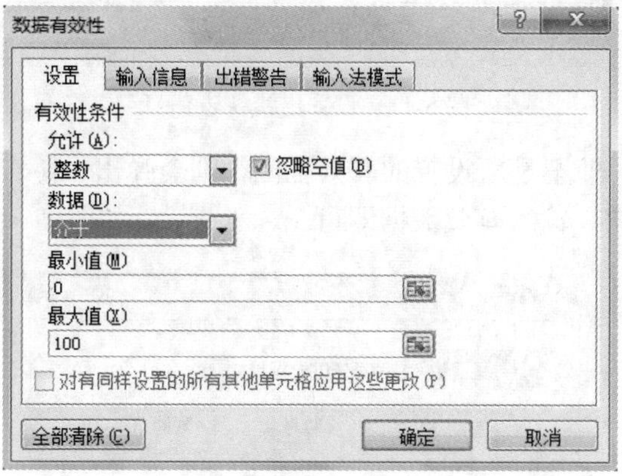

数据有效性
设置 输入信息 出错警告 输入法模式
有效性条件
允许(A):
整数
忽略空值(B)
数据(D):
介于
最小值(M)
0
最大值(X)
100
对有同样设置的所有其他单元格应用这些更改(P)
全部清除(C) 确定 取消

图 5-9　“数据有效性”对话框

（2）设置输入信息提示。

单击“输入信息”选项卡，则显示出设置单元格输入提示信息对话框。在“标题”框中输入提示信息的标题，输入“注意”，在“输入信息”框中输入具体的提示信息，输入“输入的数据必须在 0 到 100 之间！”，设置如图 5-10 所示。

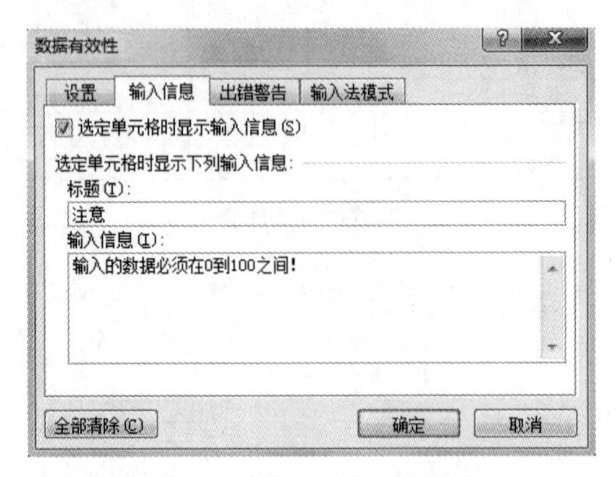

图 5-10　设置输入提示信息

（3）设置出错信息。

设置好输入提示信息后，单击“出错警告”选项卡，输入出错警告信息，标题输入“输入错误”，错误信息输入“请输入按照要求的数据！”，如图 5-11 所示。设置好后单击“确定”按钮。

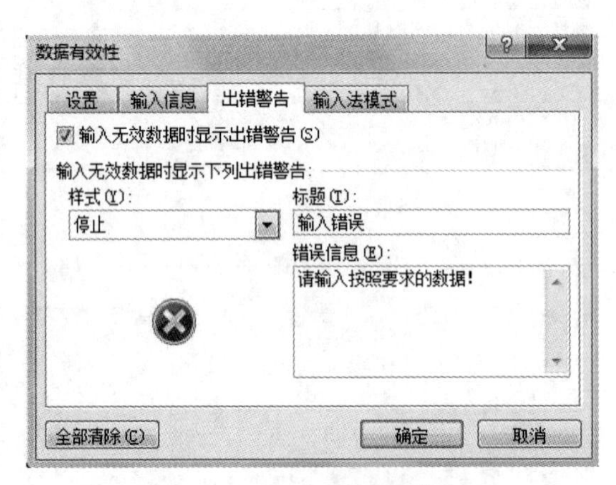

图 5-11　设置出错警告信息

如果数据输入错误，即不是所设置的有效范围，则会弹出“警告”窗口，如图 5-12 所示。然后再单击“重试”按钮，输入有效数据即可。

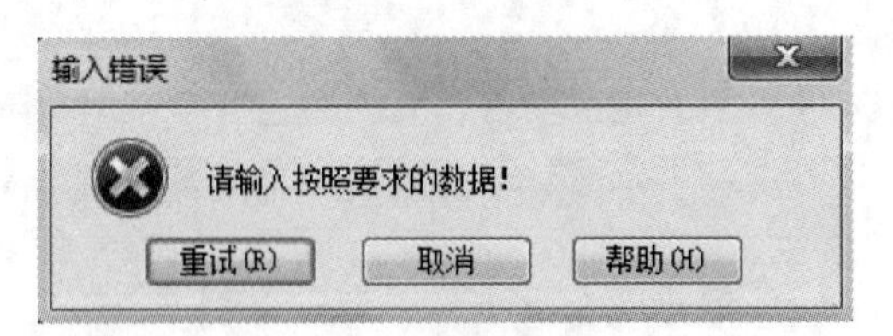

图 5-12　出错警告对话框

（4）清除单元格的数据有效性。

如果输入数据时不需要数据有效性设置，可选择不需要再对其数据进行验证的单元格，单击“数据”功能区，选择“数据工具”组中的“数据有效性”，单击对话框左下角的“全部清除”按钮。

实验 5-2 公式和函数

任务 1：公式计算及常用函数和自动填充功能的使用

1. 实验目的

熟练掌握公式计算及常用函数的使用。

2. 实验任务与要求

（1）了解数据的录入设置。

（2）熟练掌握公式、函数、自动填充等操作方法。

3. 实验步骤/操作指导

【例 5-6】打开如图 5-13 所示的学生成绩表，求出成绩表中总分和平均分。本任务将通过完成总分和平均分的计算，学习公式和函数的使用方法，并能利用自动填充功能求出其余同学的总分和平均分。

	A	B	C	D	E	F	G	H	I	J
1	计算机应用班学生成绩表									
2	学号	姓名	公外	高数	VB程序设计	体育	计算机基础	总分	平均分	名次
3	1501001	王强	78	79	97	89	93			
4	1501002	廉丽	90	78	96	80	89			
5	1501003	王新	69	69	91	81	83			
6	1501004	张强	43	60	93	78	86			
7	1501005	李浩	91	86	91	78	86			
8	1501006	董灵	79	73	90	69	90			
9	1501007	李丽	70	79	90	68	90			
10	1501008	高新	80	68	95	67	86			

图 5-13 利用公式和函数求总分和平均分的学生成绩表

具体操作如下。

（1）利用函数求出总分。

选择存放结果数据的“单元格”，选择“H3”单元格，然后单击“公式”功能区“函数库”组中的“插入函数”按钮，出现如图 5-14 所示的对话框。

在该对话框中，可以在“搜索函数”框中输入要做什么的文字内容，然后单击“转到”按钮，则会显示出相关的函数。在“或选择类别”列表框中可选择函数类型，如“常用函数”。然后在“选择函数”框中选择所要使用的函数，如“SUM”，然后单击“确定”按钮。出现如图 5-15 所示的对话框。

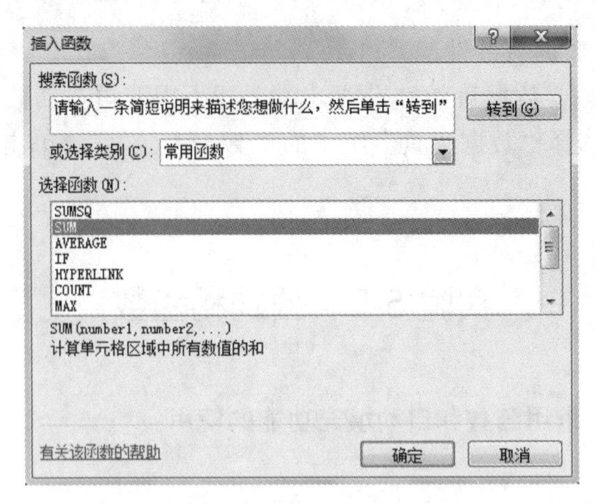

图 5-14 "插入函数"对话框

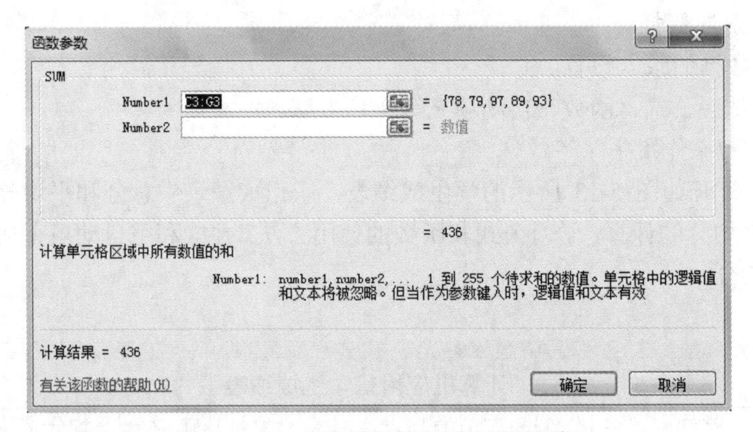

图 5-15 SUM 函数运算范围设置对话框

在"Number1""Number2"窗口中输入要求和的数据区域，在图 5-15 中的 Number1 中输入 C3:G3，然后单击"确定"按钮即可完成操作，结果显示如图 5-16 所示。

H3 =SUM(C3:G3)

计算机应用班学生成绩表

学号	姓名	公外	高数	VB程序设计	体育	计算机基础	总分	平均分	名次
1501001	王强	78	79	97	89	93	436		
1501002	廉丽	90	78	96	80	89			
1501003	王新	69	69	91	81	83			
1501004	张强	43	60	93	78	86			
1501005	李浩	91	86	91	78	86			
1501006	董灵	79	73	90	69	90			
1501007	李丽	70	79	90	68	90			
1501008	高新	80	68	95	67	86			

图 5-16 SUM 函数使用结果

（2）利用公式求"王强"同学的平均分。

选择"I3 单元格"，再输入自定义公式，即"=H3/5"，如图 5-17 所示，然后按 Enter 键即可，结果如图 5-18 所示。

SUM　=H3/5

计算机应用班学生成绩表

学号	姓名	公外	高数	VB程序设计	体育	计算机基础	总分	平均分	名次
1501001	王强	78	79	97	89	93	436	=H3/5	
1501002	廉丽	90	78	96	80	89			
1501003	王新	69	69	91	81	83			
1501004	张强	43	60	93	78	86			
1501005	李浩	91	86	91	78	86			
1501006	董灵	79	73	90	69	90			
1501007	李丽	70	79	90	68	90			
1501008	高新	80	68	95	67	86			

图 5-17　输入求平均分公式

计算机应用班学生成绩表

学号	姓名	公外	高数	VB程序设计	体育	计算机基础	总分	平均分	名次
1501001	王强	78	79	97	89	93	436	87.2	
1501002	廉丽	90	78	96	80	89			
1501003	王新	69	69	91	81	83			
1501004	张强	43	60	93	78	86			
1501005	李浩	91	86	91	78	86			
1501006	董灵	79	73	90	69	90			
1501007	李丽	70	79	90	68	90			
1501008	高新	80	68	95	67	86			

图 5-18　平均分计算结果

（3）利用自动填充功能求出其他学生的总分和平均分。

选择 H3 单元格，将鼠标指针移动到 H3 单元格的右下方，此时鼠标指针变成黑十字形样式，再按住左键不放往下拖动，拖动到 H10 单元格时释放左键。

选择 I3 单元格，将鼠标指针移动到 I3 单元格的右下方，此时鼠标指针变成黑十字形样式，再按住左键不放往下拖动，拖动到 I10 单元格时释放左键，结果如图 5-19 所示。

计算机应用班学生成绩表

学号	姓名	公外	高数	VB程序设计	体育	计算机基础	总分	平均分	名次
1501001	王强	78	79	97	89	93	436	87.2	
1501002	廉丽	90	78	96	80	89	433	86.6	
1501003	王新	69	69	91	81	83	393	78.6	
1501004	张强	43	60	93	78	86	360	72	
1501005	李浩	91	86	91	78	86	432	86.4	
1501006	董灵	79	73	90	69	90	401	80.2	
1501007	李丽	70	79	90	68	90	397	79.4	
1501008	高新	80	68	95	67	86	396	79.2	

图 5-19　自动填充求总分和平均分后的效果

任务 2：保护工作表

1. 实验目的

了解工作表的基本保护方法。

2. 实验任务与要求

（1）掌握设置单元格锁定的方法。

（2）了解工作表的保护方法。

3. 实验步骤/操作指导

【例 5-7】学生成绩工作表的保护。

对学生成绩工作表进行工作表保护设置，使得学生的体育成绩（F3:F10）数据可以修改，其他任何内容都不能修改。

具体操作如下。

（1）选择 F3:F10，在选择区域右击鼠标，执行快捷菜单中的“设置单元格格式”命令，打开“设置单元格格式”对话框，切换到“保护”选项卡，去掉“锁定”的勾选并确定，如图 5-20 所示。

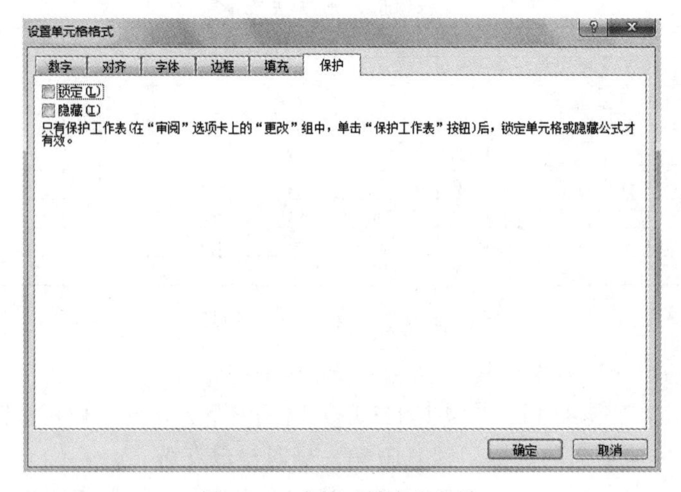

图 5-20 去掉“锁定”勾选

（2）用鼠标右击工作表标签“学生成绩表”，执行快捷菜单中的“保护工作表”命令，打开“保护工作表”对话框，输入密码并确定，再在新的提示框中重复输入一次相同的密码并确定，如图 5-21 所示。

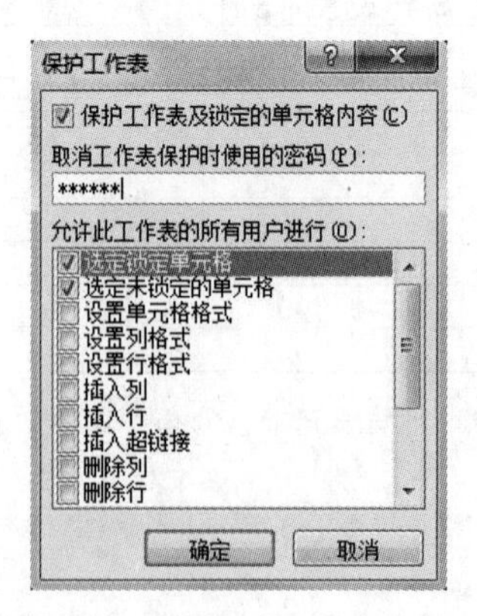

图 5-21 “保护工作表”对话框

（3）尝试着修改工作表中的锁定数据，会弹出如图 5-22 所示的提示框。若解除工作表的保护，用鼠标右击工作表标签“学生成绩表”，执行快捷菜单中的“撤销工作表保护”命令，打开“撤销工作表保护”对话框，输入密码并确定即可。

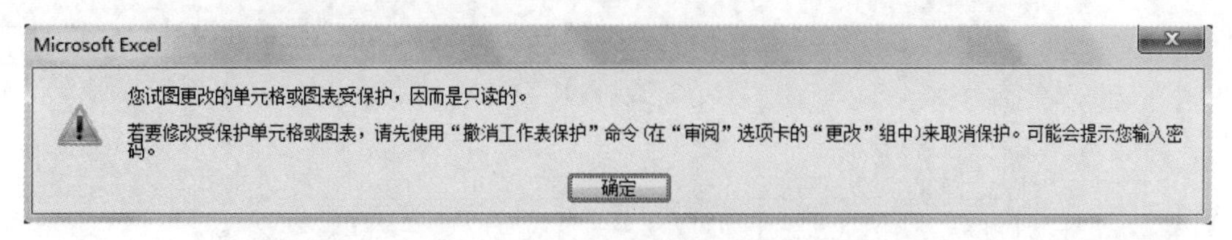

图 5-22　弹出不能修改受保护提示框

实验 5-3　数据的各种管理和生成图表

任务 1：数据的排序和筛选

1. 实验目的

熟练掌握数据的排序和自动筛选操作。

2. 实验任务与要求

（1）了解工作表的排序方式。

（2）熟练掌握数据表格排序的操作方法。

3. 实验步骤/操作指导

【例 5-8】在学生成绩表中按学生的总分降序进行排序，并填写每名学生在班级的名次，再按学号升序排序。

具体操作如下。

（1）按总分降序排序。

打开学生成绩表，选择成绩表中的任意一个含有内容的单元格，单击“数据”功能区，选择“排序和筛选”组中的“排序”按钮，弹出如图 5-23 所示的“排序”对话框。

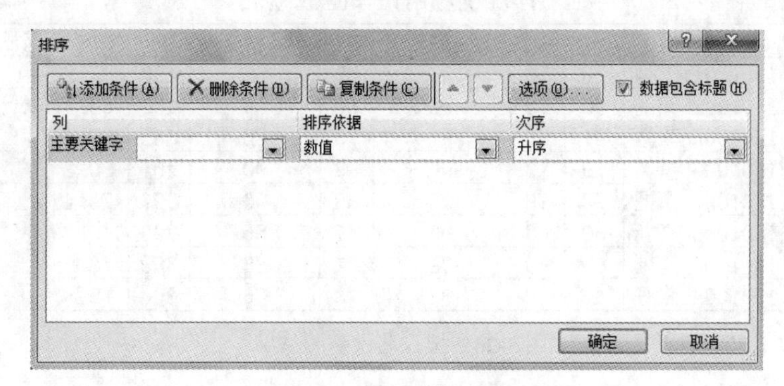

图 5-23　“排序”对话框

在“排序”对话框中，设置排序的主关键字段为总分，排序方式为降序，如图 5-24 所示，最后单击“确定”按钮即可，结果如图 5-25 所示。

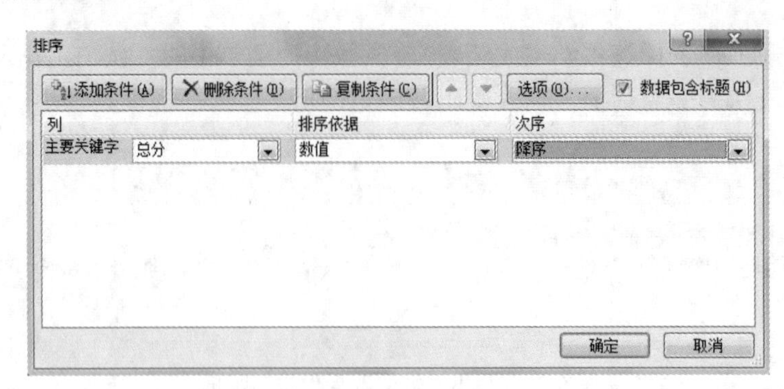

图 5-24 排序的选项设置

计算机应用班学生成绩表									
学号	姓名	公外	高数	VB程序设计	体育	计算机基础	总分	平均分	名次
1501001	王强	78	79	97	89	93	436	87.2	
1501002	廉丽	90	78	96	80	89	433	86.6	
1501005	李浩	91	86	91	78	86	432	86.4	
1501006	董灵	79	73	90	69	90	401	80.2	
1501007	李丽	70	79	90	68	90	397	79.4	
1501008	高新	80	68	95	67	86	396	79.2	
1501003	王新	69	69	91	81	83	393	78.6	
1501004	张强	43	60	93	78	86	360	72	

图 5-25 学生成绩表按总分降序排序的结果

通过添加次关键字可以实现数据表格排序。首先按主关键字段的要求进行排序，如果有相同内容时，再按次关键字段的要求进行排序，最后按第三关键字段的要求进行排序。

（2）填写名次。

单击 J3 单元格，输入 1，按住 Ctrl 键，将鼠标移到单元格的右下角，鼠标指针变成黑十字形状，拖动鼠标到 J10 单元格，松开鼠标，结果如图 5-26 所示。

计算机应用班学生成绩表									
学号	姓名	公外	高数	VB程序设计	体育	计算机基础	总分	平均分	名次
1501001	王强	78	79	97	89	93	436	87.2	1
1501002	廉丽	90	78	96	80	89	433	86.6	2
1501005	李浩	91	86	91	78	86	432	86.4	3
1501006	董灵	79	73	90	69	90	401	80.2	4
1501007	李丽	70	79	90	68	90	397	79.4	5
1501008	高新	80	68	95	67	86	396	79.2	6
1501003	王新	69	69	91	81	83	393	78.6	7
1501004	张强	43	60	93	78	86	360	72	8

图 5-26 填入名次后的结果

（3）按学号升序排序。

任意选择“学号”字段这一列中的一个单元格，单击“数据”功能区“排序和筛选”组中的“升序”按钮。这时的表格按原有的表格顺序显示，同时也把“名次”字段填写上了。效果如图 5-27 所示。

学号	姓名	公外	高数	VB程序设计	体育	计算机基础	总分	平均分	名次
1501001	王强	78	79	97	89	93	436	87.2	1
1501002	廉丽	90	78	96	80	89	433	86.6	2
1501003	王新	69	69	91	81	83	393	78.6	7
1501004	张强	43	60	93	78	86	360	72	8
1501005	李浩	91	86	91	78	86	432	86.4	3
1501006	董灵	79	73	90	69	90	401	80.2	4
1501007	李丽	70	79	90	68	90	397	79.4	5
1501008	高新	80	68	95	67	86	396	79.2	6

计算机应用班学生成绩表

图 5-27　按名次升序排序的结果

任务 2：自动筛选、高级筛选

1．实验目的

熟练掌握筛选操作。

2、任务与要求

（1）了解筛选的作用。

（2）熟练掌握自动筛选、高级筛选的操作方法。

3．实验步骤/操作指导

【例 5-9】对学生成绩数据表利用筛选功能求出：①筛选“VB 程序设计”成绩大于等于 80 分的学生成绩；②筛选“高数”成绩大于 70 分和“公外”成绩也大于 70 分的学生成绩。本任务的完成使学生掌握自动筛选和高级筛选的设置及取消操作。

具体操作如下。

（1）筛选“VB 程序设计”大于等于 80 分的学生成绩。

打开“学生成绩表”工作表，选择“学生成绩表”内容或将鼠标指针定位到含有内容的单元格中。

单击“数据”功能区“排序和筛选”组中的“筛选”按钮，这时表格的每个列字段都出现一个小黑箭头，如图 5-28 所示。

计算机应用班学生成绩表

学号	姓名	公外	高数	VB程序设计	体育	计算机基础	总分	平均分	名次
1501001	王强	78	79	97	89	93	436	87.2	1
1501002	廉丽	90	78	96	80	89	433	86.6	2
1501003	王新	69	69	91	81	83	393	78.6	7
1501004	张强	43	60	93	78	86	360	72	8
1501005	李浩	91	86	91	78	86	432	86.4	3
1501006	董灵	79	73	90	69	90	401	80.2	4
1501007	李丽	70	79	90	68	90	397	79.4	5
1501008	高新	80	68	95	67	86	396	79.2	6

图 5-28　单击筛选按钮后的效果

单击“VB 程序设计”字段右边的小黑箭头，在所显示的下拉列表中单击“数字筛选”中的“自定义筛选”命令，如图 5-29 所示。打开“自定义自动筛选方式”对话框，如图 5-30 所示。

图 5-29　自定义筛选命令

图 5-30　“自定义自动筛选方式”对话框

在条件中选择“大于”或“等于”，在后面的框中输入 80，单击“确定”按钮。结果如图 5-31 所示。

计算机应用班学生成绩表

学号	姓名	公外	高数	VB程序设计	体育	计算机基础	总分	平均分	名次
1501001	王强	78	79	97	89	93	436	87.2	1
1501002	廉丽	90	78	96	80	89	433	86.6	2
1501003	王新	69	69	91	81	83	393	78.6	7
1501004	张强	43	60	93	78	86	360	72	8
1501005	李浩	91	86	91	78	86	432	86.4	3
1501006	董灵	79	73	90	69	90	401	80.2	4
1501007	李丽	70	79	90	68	90	397	79.4	5
1501008	高新	80	68	95	67	86	396	79.2	6

图 5-31　“VB 程序设计”按成绩筛选的结果

（2）筛选“高数”成绩大于 70 分和“公外”成绩也大于 70 分的学生成绩。

打开“学生成绩表”工作表，在表格下方空白区域建立所要筛选的条件，选择数据或光标位于数据中，单击“数据”功能区，单击“排序和筛选”组中的“筛选”按钮，在显示的子菜单中选择“高级筛选”，弹出“高级筛选”对话框，如图 5-32 所示。

在“高级筛选”对话框中，可以设置数据筛选的方式、数据区域、条件区域等选项内容，可根据自己的需要进行设置。如单击“列表区域”右侧的引用按钮，选择所要筛选的数据区域为“A2:J10”。单击“条件区域”右侧的引用按钮，选择条件区域为“F12:G13”，然后单击“确定”按钮。则筛选后的表格如图 5-33 所示。

图 5-32　“高级筛选”对话框

	A	B	C	D	E	F	G	H	I	J
1	计算机应用班学生成绩表									
2	学号	姓名	公外	高数	VB程序设计	体育	计算机基础	总分	平均分	名次
3	1501001	王强	78	79	97	89	93	436	87.2	1
4	1501002	廉丽	90	78	96	80	89	433	86.6	2
7	1501005	李浩	91	86	91	78	86	432	86.4	3
8	1501006	董灵	79	73	90	69	90	401	80.2	4
11										
12						高数	公外			
13						>70	>70			

图 5-33　高级筛选后的结果

（3）取消筛选操作。

对筛选的表格如果要显示出全部数据表格，则可取消筛选操作。

单击“数据”功能区“排序和筛选”组中的“清除”按钮即可。

任务 3：数据的分类汇总和数据透视表

1．实验目的

熟练掌握数据的分类汇总操作和数据透视表的生成。

2．实验任务与要求

（1）了解分类汇总的作用。

（2）熟练掌握数据透视表操作。

3．实验步骤/操作指导

分类汇总，就是将数据表格按某一关键字段进行数据的汇总，如求平均值、合计、最大值、最小值等。

使用 Excel 2010 的分类汇总功能之前，必须要对数据表格进行排序，而且，排序的关键字段与后面分类汇总的关键字段必须一致。

【例 5-10】对如图 5-34 所示的员工工作表进行数据的分类汇总的操作。

具体操作如下。

（1）首先对“员工表”按照“行政级别”字段进行升序排序。

（2）选择数据表区域 A2:G10。

（3）应用“数据”功能区“分级显示”组中的“分类汇总”功能，调出“分类汇总”对话框，并设置“分类字段”为“行政级别”，“汇总方式”为“求和”，“选定汇总项”为“实发工资”，如图 5-35 所示。确定后得到如图 5-36 所示的结果，如单击出现在左边的分级数字号 2 和 1，则分别显示图 5-37 和图 5-38 所示的结果。

	A	B	C	D	E	F	G
1				员工表			
2	姓名	性别	年龄	行政级别	基本工资（元）	绩效津贴	实发工资
3	王强	男	43	副处级	4,800.00	1,100.00	5,900.00
4	王新	男	39	副科级	4,500.00	1,000.00	5,500.00
5	高新	男	31	副科级	4,100.00	900.00	5,000.00
6	董灵	女	33	副科级	4,300.00	1,000.00	5,300.00
7	张强	男	51	副厅级	5,000.00	2,600.00	7,600.00
8	李浩	男	46	正处级	4,900.00	1,200.00	6,100.00
9	李丽	女	41	正科级	4,800.00	1,100.00	5,900.00
10	廉丽	女	56	正厅级	6,000.00	3,000.00	9,000.00

图 5-34 员工工作表

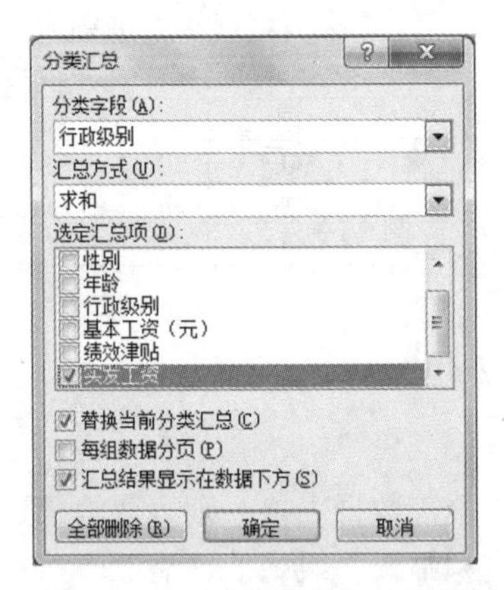

图 5-35 “分类汇总”对话框

	A	B	C	D	E	F	G
1				员工表			
2	姓名	性别	年龄	行政级别	基本工资（元）	绩效津贴	实发工资
3	王强	男	43	副处级	4,800.00	1,100.00	5,900.00
4				**副处级 汇总**			5,900.00
5	王新	男	39	副科级	4,500.00	1,000.00	5,500.00
6	高新	男	31	副科级	4,100.00	900.00	5,000.00
7	董灵	女	33	副科级	4,300.00	1,000.00	5,300.00
8				**副科级 汇总**			15,800.00
9	张强	男	51	副厅级	5,000.00	2,600.00	7,600.00
10				**副厅级 汇总**			7,600.00
11	李浩	男	46	正处级	4,900.00	1,200.00	6,100.00
12				**正处级 汇总**			6,100.00
13	李丽	女	41	正科级	4,800.00	1,100.00	5,900.00
14				**正科级 汇总**			5,900.00
15	廉丽	女	56	正厅级	6,000.00	3,000.00	9,000.00
16				**正厅级 汇总**			9,000.00
17				**总计**			50,300.00

图 5-36 分类汇总后的结果

	A	B	C	D	E	F	G
1				员工表			
2	姓名	性别	年龄	行政级别	基本工资（元）	绩效津贴	实发工资
17				**总计**			50,300.00

图 5-37 单击分级数字 1 后的效果

	A	B	C	D	E	F	G
1				员工表			
2	姓名	性别	年龄	行政级别	基本工资（元）	绩效津贴	实发工资
4				副处级 汇总			5,900.00
8				副科级 汇总			15,800.00
10				副厅级 汇总			7,600.00
12				正处级 汇总			6,100.00
14				正科级 汇总			5,900.00
16				正厅级 汇总			9,000.00
17				总计			50,300.00

图 5-38　单击分级数字 2 后的效果

【例 5-11】下面以创建学生成绩数据透视表为例，介绍创建数据透视表的方法。

具体操作如下。

（1）打开学生成绩表，然后单击工作表中的任意非空单元格，再单击“插入”功能区“表”组中的“数据透视表”按钮，在展开的列表中选择“数据透视表”选项，如图 5-39 所示。

图 5-39　数据透视表命令

（2）在打开的“创建数据透视表”对话框的“表/区域”编辑框中自动显示工作表名称和单元格区域的引用，并选中“新工作表”单选按钮，如图 5-40 所示。

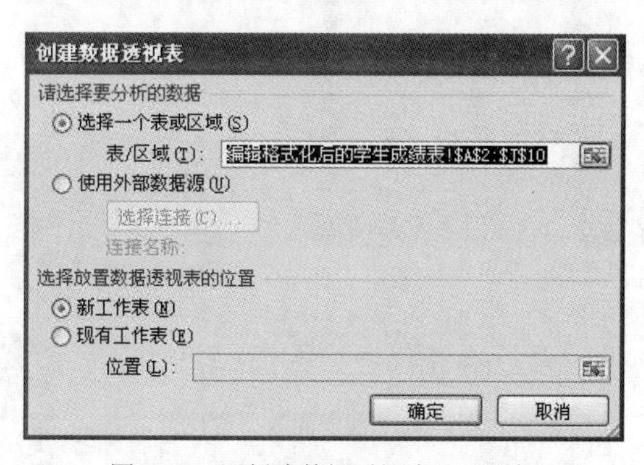

图 5-40　“创建数据透视表”对话框

（3）单击“确定”按钮后，一个空的数据透视表会添加到新建的工作表中，“数据透视表工具”选项卡自动显示，窗口右侧显示数据透视表字段列表，以便用户添加字段、创建布局和自定义数据透视表，如图 5-41 所示。

（4）将所需字段添加到报表区域的相应位置，如图 5-42 所示，最后在数据透视表外单击，数据透视表创建结束。

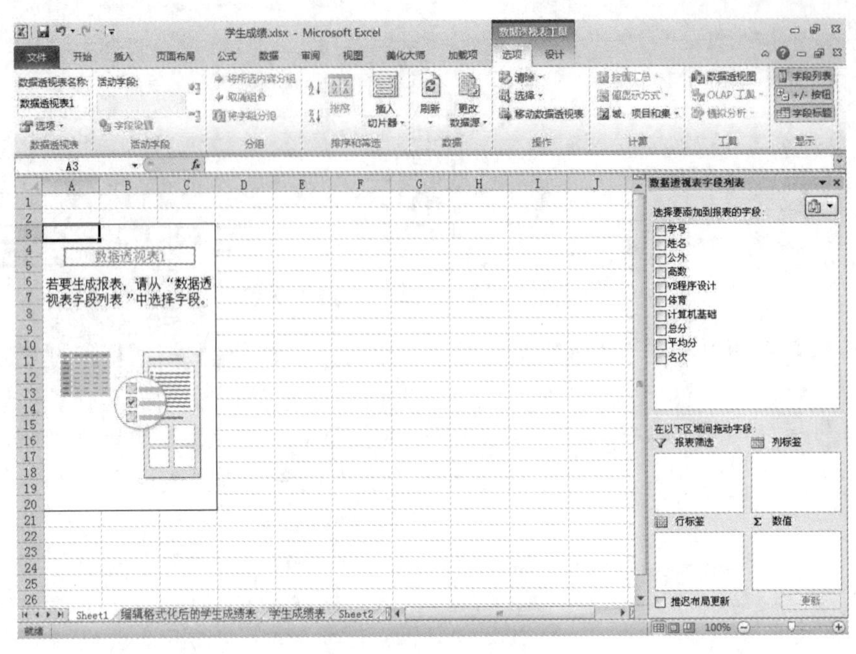

图 5-41 数据透视表字段列表

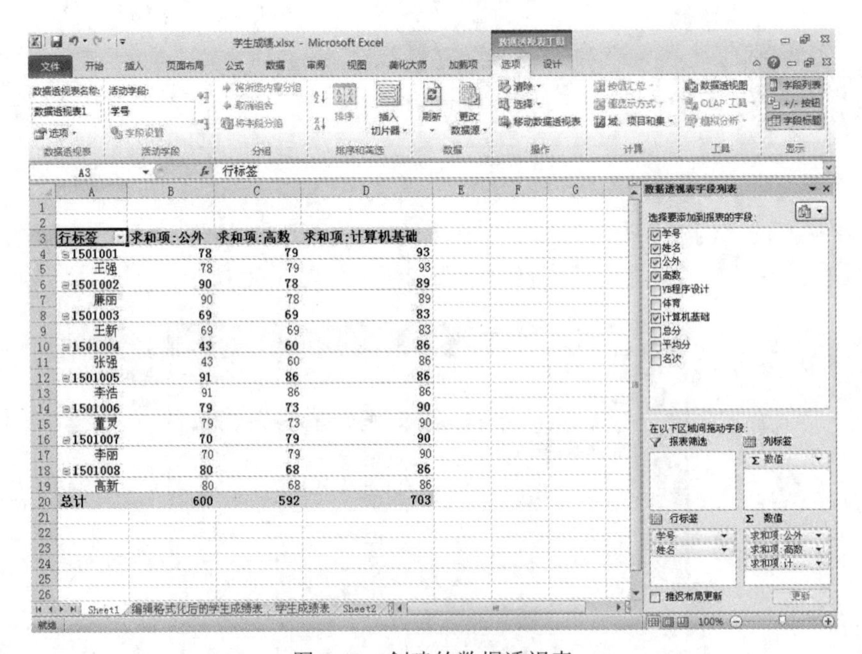

图 5-42 创建的数据透视表

任务 4：图表的创建

1. 实验目的

掌握图表的创建及相关操作。

2. 实验任务与要求

熟练掌握图表的创建、编辑等操作方法。

3. 实验步骤/操作指导

【例 5-12】创建学生成绩表的柱状图表。

具体操作如下。

（1）打开学生成绩表，选择 A2:G10 区域。

（2）单击“柱状图”按钮，选择“二维柱状图”类型，即可生成如图 5-43 所示的图表。

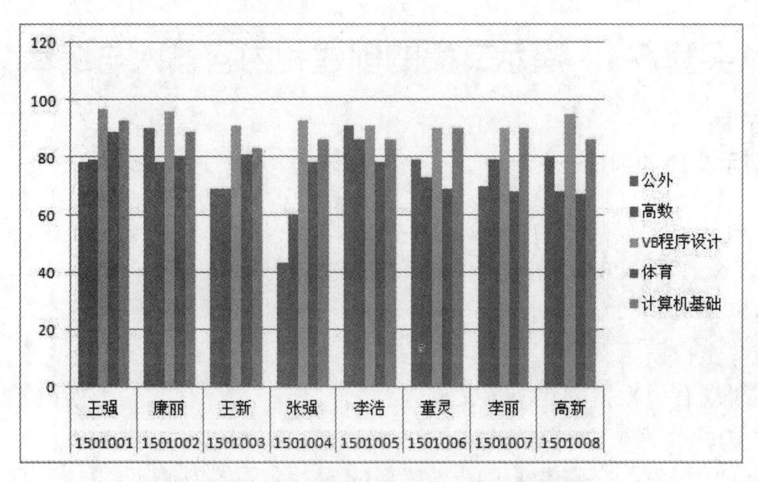

图 5-43　学生成绩工作表所生成的柱状图表

（3）当创建出一个图表后，假如需要对它进行美化，可以做一些图表的编辑操作，如添加颜色、背景、线形等设置。

右击设计好的图表，在弹出的快捷菜单中选择“设置图表区域格式”命令，将弹出如图 5-44 所示的对话框，在这里就可以对图表的填充、边框颜色、边框样式、阴影、三维格式等进行设置。

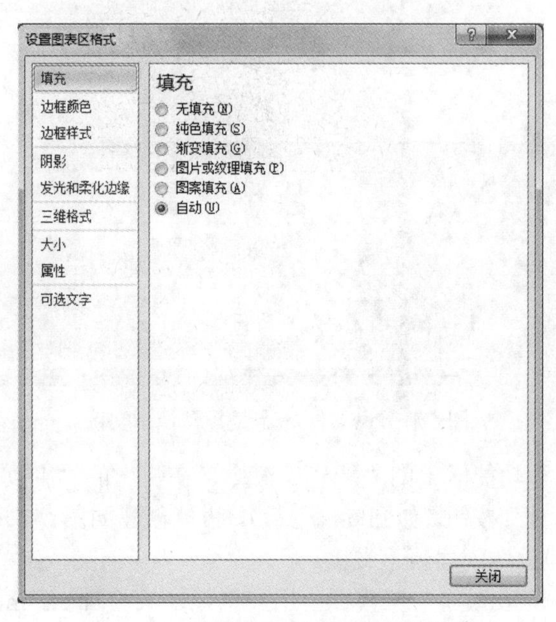

图 5-44　“设置图表区格式”对话框

第 6 章　演示文稿软件 PowerPoint 2010

实验 6-1　演示文稿的创建和内容输入与编辑

任务 1：演示文稿的创建

1. 实验目的

掌握利用 PowerPoint 2010 创建演示文稿的方法。

2. 实验内容

（1）创建“空白演示文稿”。

（2）应用“现有模板”创建演示文稿。

3. 实验步骤/操作指导

PowerPoint 2010 为用户提供了两种创建新的演示文稿的方法：一种是直接创建空白演示文稿，默认情况下，启动 PowerPoint 2010 即自动新建一个包括一张幻灯片的空白演示文稿，另一种方法是通过 PowerPoint 2010 提供的模板创建演示文稿。

（1）直接创建空白演示文稿。

当用户启动 PowerPoint 2010 时，会出现如图 6-1 所示窗口，在该演示文稿中包含一张幻灯片，且版式自动为“标题幻灯片”，背景为白色。

图 6-1　PowerPoint 新建默认演示文稿

也可以通过“文件”功能区下的“新建”命令，在弹出的“主页”中选择“空白演示文稿”，再单击右侧的“创建”按钮（如图 6-2 所示），也能创建如图 6-1 所示版式的新演示文稿。

（2）应用“现有模板”创建演示文稿。

PowerPoint 2010 中预安装了一些模板，用户也可以从 Office.com 网站上下载更多模板。本例使用 PowerPoint 2010 中预安装的“培训新员工”模板创建一个新的演示文稿。

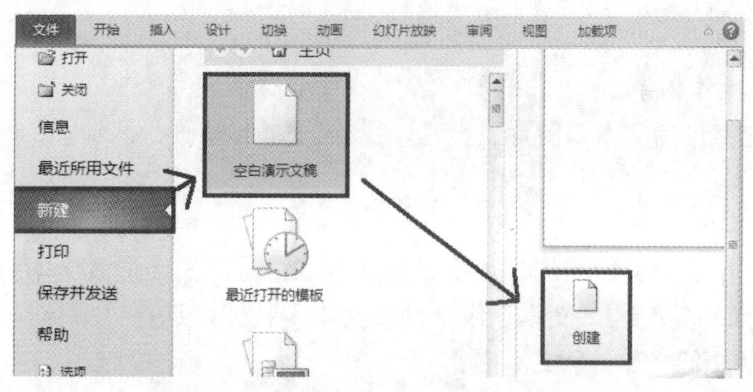

图 6-2　通过“新建”命令创建空白演示文稿

1）单击“文件”功能区中的“新建”命令，在弹出的“主页”中选择“样本模板”中的“培训”模板，再单击右侧的“新建”按钮，如图 6-3 所示。“宣传手册”模板演示文稿将自动创建包含 6 张幻灯片。

2）修改演示文稿的内容，包括演示文稿标题、作者、正文文字等。

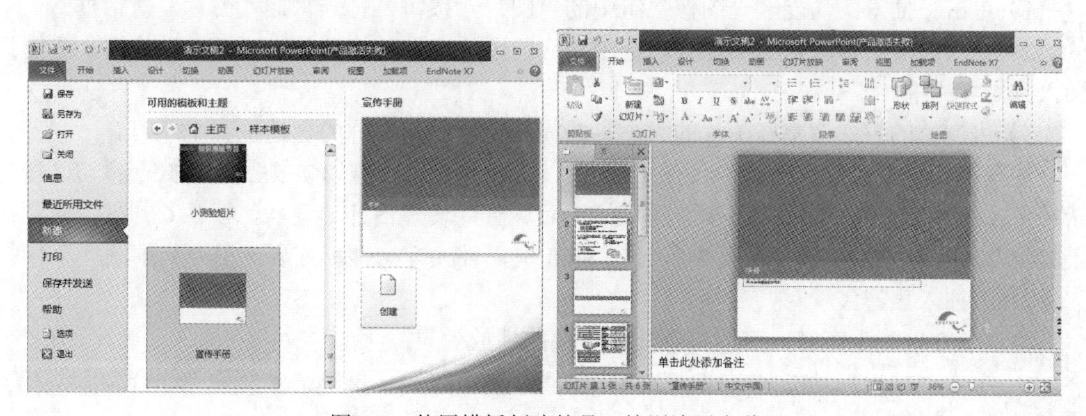

图 6-3　使用模板创建的员工培训演示文稿

任务 2：演示文稿内容的输入与编辑

1. 实验目的

掌握演示文稿内容的输入及编辑排版。

2. 实验内容

（1）插入文本框。

（2）插入图片。

（3）插入声音。

（4）插入视频。

（5）插入 Flash 动画。

（6）插入艺术字。

（7）绘制图形。

（8）公式编辑。

（9）插入批注。

（10）插入图表。

3. 实验步骤/操作指导

演示文稿的内容包括文本、图片、声音、视频、Flash 动画、艺术字、图形、公式、批注、图表等多种对象。

（1）插入文本框。

通常情况下，在演示文稿的幻灯片中添加文本字符时，需要通过文本框来实现。

1）单击“插入”功能区“文本”组中的“文本”按钮，选择“横排（垂直）文本框”按钮，然后在幻灯片中拖拉出一个文本框。

2）将相应的字符输入到文本框中。

3）设置好字体、字号和字符颜色等。

4）调整好文本框的大小，并将其定位在幻灯片的合适位置上即可。

（2）插入图片。

为了增强文稿的可视性，向演示文稿中添加图片是一项基本的操作。

1）单击“插入”功能区“图像”组中的“图片”按钮，打开“插入图片”对话框。

2）找到需要图片所在的文件夹，选中相应的图片文件，然后单击“插入”按钮，将图片插入到幻灯片中。

3）用拖拉的方法调整好图片的大小，并将其定位在幻灯片的合适位置上即可。

注意：在定位图片位置时，按住 Ctrl 键，再按方向键，可以实现图片的微量移动，达到精确定位图片的目的。按住 Alt 键，再按方向键，可以实现图片的旋转。按住 Ctrl 键，再按住鼠标拖动图片，可实现图片的复制。按住 Shift 键，再按方向键，可实现图片的缩放。

（3）插入声音。

为演示文稿配上声音，可以增强演示文稿的播放效果。

1）单击“插入”功能区“媒体”组中的“音频”按钮，再单击“文件中的音频”按钮，打开“插入音频”对话框。

2）找到插入声音文件所在的文件夹，选中相应的声音文件，然后单击“确定”按钮。

注意：演示文稿支持.mp3、.wma、.wav、.mid 等格式声音文件。

3）在随后弹出的快捷菜单中，根据需要选择“是”或“否”选项返回，即可将声音文件插入到当前幻灯片中。

注意：插入声音文件后，会在幻灯片中显示出一个小喇叭图片，在幻灯片放映时，通常会显示在画面中，为了不影响播放效果，通常将该图标移到幻灯片边缘处。

（4）插入视频。

我们可以将视频文件添加到演示文稿中，来增加演示文稿的播放效果。

1）单击“插入”功能区“媒体”组中的“视频”按钮，再单击“文件中的视频”按钮，打开“插入影片”对话框。

2）定位到视频文件所在的文件夹，选中相应的视频文件，然后单击“确定”按钮。

注意：演示文稿支持.avi、.wmv、.mpg 等格式的视频文件。

3）在随后弹出的快捷菜单中，根据需要选择“是”或“否”选项返回，即可将视频文件插入到当前幻灯片中。

4）调整视频播放窗口的大小，将其定位在幻灯片的合适位置上即可。

（5）插入 Flash 动画。

要想将 Flash 动画添加到演示文稿中的操作稍微麻烦一些。

1）单击“插入”功能区“文本组”的“对象”按钮，打开“插入对象”对话框。

2）在“插入对象”对话框中选择“Shockwave Flash Object”选项，然后在幻灯片中拉出一个矩形框（此为播放窗口）。

3）选中上述播放窗口，右击矩形框，打开“属性”对话框，在“Movie”选项后面的方框中输入需要插入的 Flash 动画文件名及完整路径，然后关闭对话框。

注意：建议将 Flash 动画文件和演示文稿保存在同一文件夹中，这样只需要输入 Flash 动画文件名称，而不需要输入路径了。

4）调整好播放窗口的大小，将其定位到幻灯片合适位置上，即可播放 Flash 动画了。

（6）插入艺术字。

Office 多个组件中都有艺术字功能，在演示文稿中插入艺术字可以大大增强演示文稿的放映效果。

1）单击“插入”功能区“文本组”中的“艺术汉字”命令，打开“艺术字库”面板。

2）选中一种样式后，在幻灯片上将出现一个艺术字文本输入框，输入文本内容。

3）设置好字体、字号等要素。

4）调整好艺术字大小，并将其定位在合适位置上即可。

注意：选中插入的艺术字，在其周围出来绿色的控制柄，拖动控制柄，可以调整艺术字的角度。

（7）绘制图形。

根据演示文稿的需要，经常要在演示文稿中绘制一些图形，利用“插入”功能区中的各种“形状”按钮可插入各种图形符号。

1）在“插入”功能区选择“插图”组中的“形状”按钮。

2）单击“形状”按钮下拉列表框中的“线条”“矩形”“基本形状”“箭头总汇”“公式形状”“流程图”等，然后在幻灯片中拖拉一下，即可绘制出相应的图形。

注意：选中相应的选项（如“矩形”），然后在按住 Shift 键的同时拖拉鼠标，即可绘制出正的图形（如“正方形”）。

（8）公式编辑。

在制作一些专业技术性演示文稿时，常常需要在幻灯片中添加一些复杂的公式，可以利用“公式编辑器”来制作。

1）单击“插入”功能区“文本”组的“对象”按钮，打开“插入对象”对话框。

2）在“对象类型”下面选中“Microsoft 公式 3.0”选项，确定进入“公式编辑器”状态下。

注意：默认情况下，“公式编辑器”不是 Office 安装组件，在使用前需要通过安装程序进行添加后，才能正常使用。

3）利用“公式”按钮组上的相应模板，即可制作出相应的公式。

4）编辑完成后，关闭“公式编辑器”窗口，返回幻灯片编辑状态，公式即可插入到其中。

5）调整好公式的大小，并将其定位在合适位置上。如图 6-4 所示。

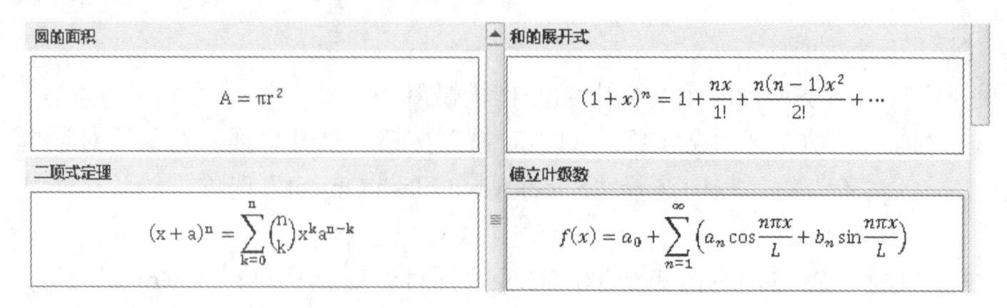

图 6-4　公式编辑

（9）插入批注。

审查他人的演示文稿时，可以利用批注功能提出自己的修改意见。批注内容并不会在放映过程中显示出来。

1）选中需要添加批注的幻灯片，执行“插入批注”命令，进入批注编辑状态。

2）输入批注内容。

3）当使用者将鼠标指向批注标识时，批注内容即刻显示了出来。

注意：批注内容不会在放映过程中显示出来。

4）右击批注标识，利用弹出的快捷菜单，可以对批注进行编辑、复制、新建、删除等操作。如图 6-5、图 6-6 所示。

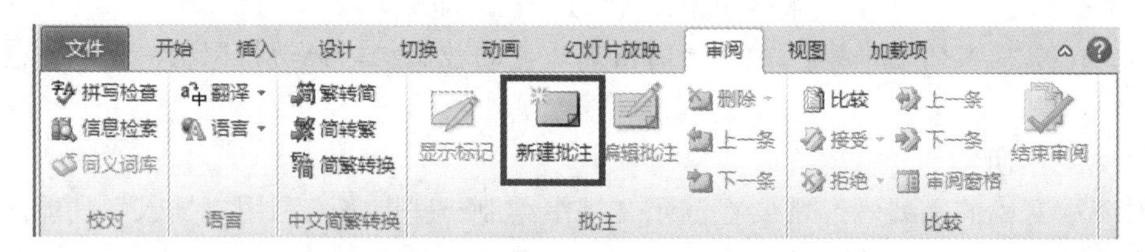

图 6-5　插入批注

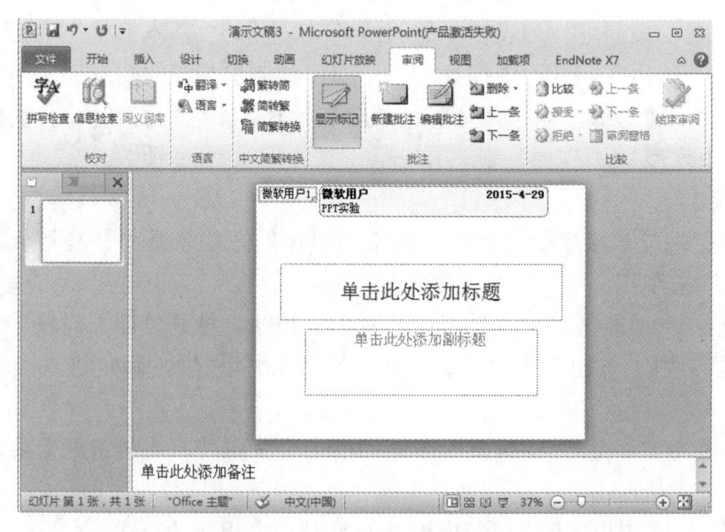

图 6-6　插入批注后的效果

（10）插入图表。

利用图表，可以更加直观地演示数据的变化情况。

1）单击“插入”功能区“插图”组中的“图表”按钮，打开“插入图表”对话框。

2）选择好图表类型，在数据表中编辑好相应的数据内容，然后在幻灯片空白处单击一下鼠标，即可退出图表编辑状态。

3）调整好图表的大小，并将其定位在合适位置上即可，如图 6-7 所示。

注意：如果发现数据有误，直接双击图表，即可再次进入图表编辑状态进行修改。

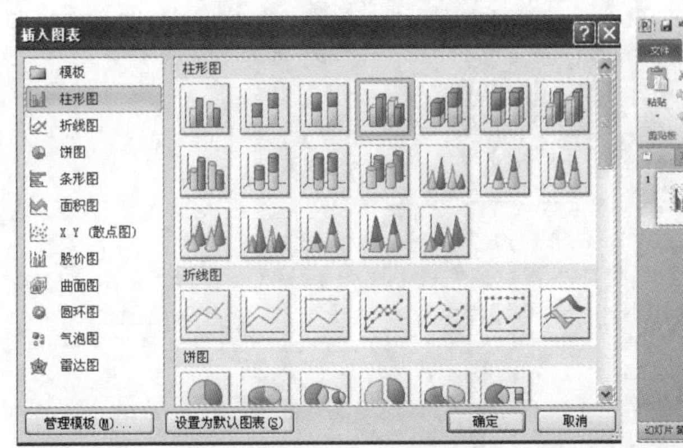

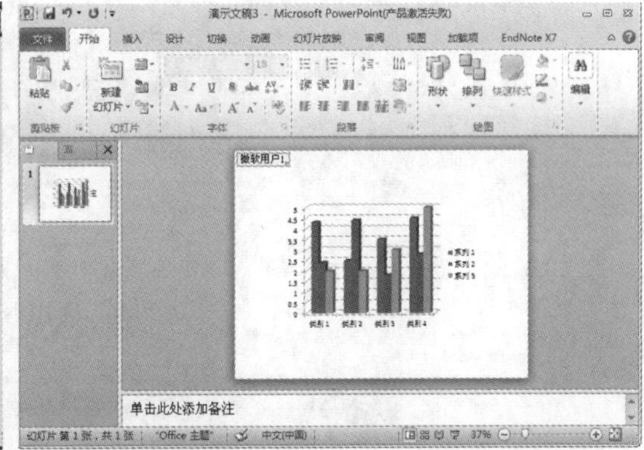

图 6-7　“插入图表”对话框与图表效果

实验 6-2　演示文稿的编辑与外观修饰

任务 1：幻灯片的基本操作

1. 实验目的

掌握 PowerPoint 2010 演示文稿制作过程中的基本操作方法。

2. 实验内容

（1）选择幻灯片。

（2）插入幻灯片。

（3）移动幻灯片。

（4）复制幻灯片。

（5）删除幻灯片。

3. 实验步骤/操作指导

（1）选择幻灯片。

方法一：在普通视图右侧的“幻灯片缩略图”窗格中，单击需要选择的幻灯片。

方法二：在“幻灯片浏览视图”下，按住 Ctrl 键并单击需要选择的幻灯片，可实现多张不连续的幻灯片选择，如图 6-8 所示。

方法三：在“幻灯片浏览视图”下，单击需要选择的第一张幻灯片，再按 Shift 键并单击需要选择的最后一张幻灯片，可实现多张连续的幻灯片选择，如图 6-9 所示。

（2）插入幻灯片。

方法一：在“幻灯片”窗格中某张选中的幻灯片上按 Enter 键，即可插入一张新的幻灯片。

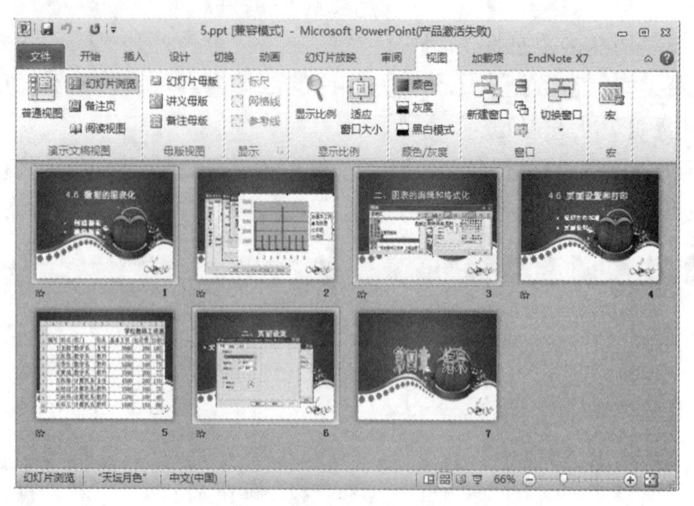

图 6-8　选择不连续的幻灯片

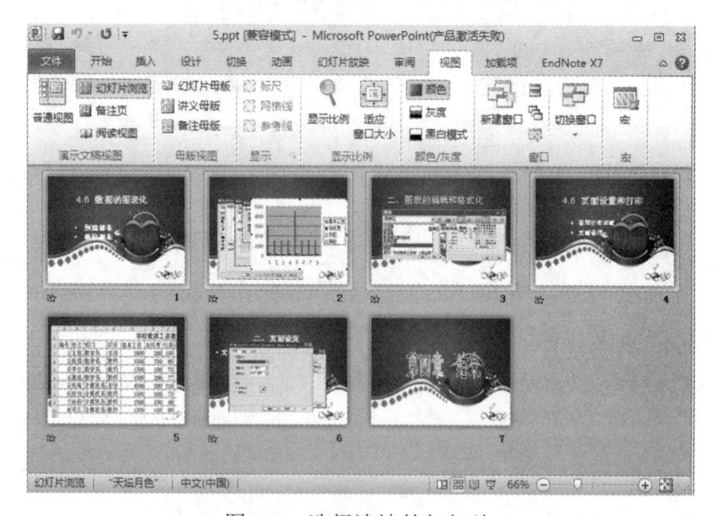

图 6-9　选择连续的幻灯片

方法二：在“幻灯片”窗格中选中某张幻灯片，再选择“开始”→“新建幻灯片”命令，将在原来幻灯片下方插入一张新的幻灯片。

方法三：在“幻灯片”窗格中选中某张幻灯片，按组合键 Ctrl+M，将在原来幻灯片下方插入一张新的幻灯片。

（3）移动幻灯片。

方法一：在“大纲”或“幻灯片”窗格中，按住鼠标左键将选中的幻灯片拖动到新的位置，再释放鼠标。

方法二：在“幻灯片浏览”视图中，将选中的幻灯片拖动到新位置，再释放鼠标。

（4）复制幻灯片。

方法一：选择需要复制的幻灯片，按住 Ctrl 键的同时拖放原始幻灯片到目标位置，释放鼠标即实现复制。

方法二：选择需要复制的幻灯片，按组合键 Ctrl+C 进行复制，到目标位置后，再按组合键 Ctrl+V 即可。

（5）删除幻灯片。

方法一：使用键盘，将需要删除的幻灯片选中，按键盘的 Del 键。

方法二：使用鼠标，右击选中的幻灯片，选择“删除幻灯片”命令。

任务 2：幻灯片模板的使用

1. 实验目的

掌握幻灯片模板的使用方法。

2. 实验内容

幻灯片模板的加载。

3. 实验步骤/操作指导

（1）使用最近使用过的模板。若要重复使用最近用过的模板，单击“文件”→“新建”→“最近打开的模板”，如图 6-10 所示。

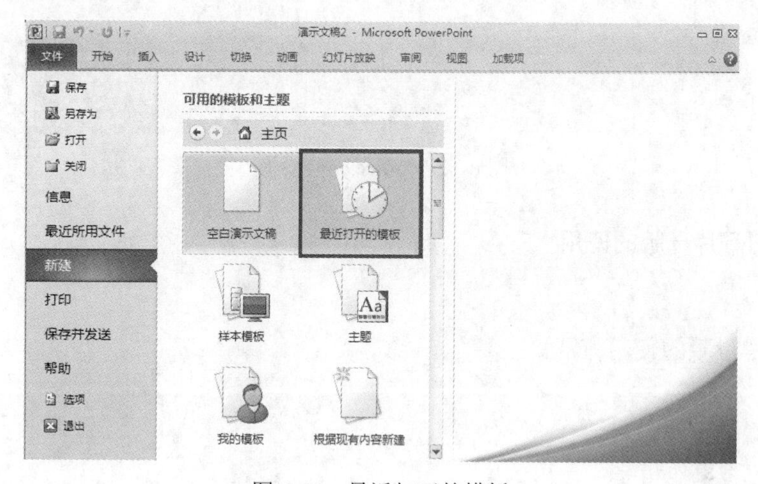

图 6-10　最近打开的模板

（2）使用本地磁盘上的模板。若要使用之前安装到本地驱动器上的模板，单击“文件”→“新建”→“我的模板”，再单击所需的模板，如图 6-11 所示。

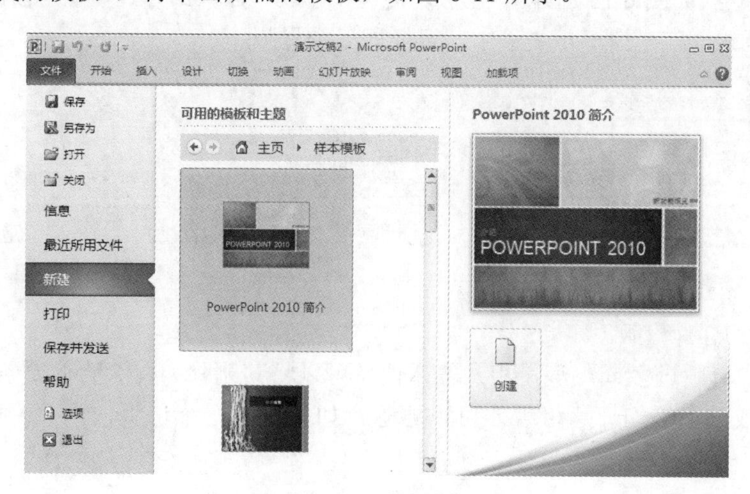

图 6-11　样本模板

（3）使用互联网上的模板。在“Office.com 模板”下单击模板类别，选择一个模板，然后单击“下载”将该模板从 Office.com 下载到本地驱动器并应用到新的演示文稿后，如图 6-12 所示。

图 6-12 Office.com 模板

任务 3：幻灯片母版的使用

1. 实验目的

掌握幻灯片母版的使用方法。

2. 实验内容

幻灯片母版的编辑。

3. 实验步骤/操作指导

（1）插入母版。

在“视图”功能区的“母版视图”组中单击“幻灯片母版”按钮，功能区将切换到“幻灯片母版”功能区（如图 6-13 所示），在该功能区中单击“插入幻灯片母版”按钮，可实现“幻灯片母版”的插入。在一个演示文稿中，可插入多个母版。

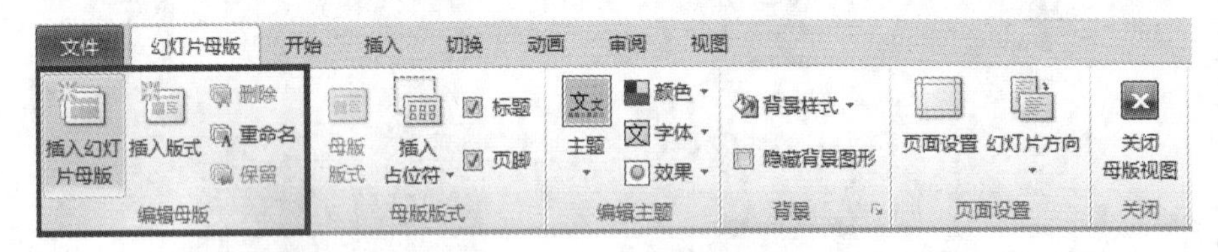

图 6-13 插入幻灯片母版

（2）删除幻灯片母版。

当幻灯片中母版过多或不满足用户需求时，可以将其删除。删除的首要条件是演示文稿中必须有两个或以上的幻灯片母版才可以删除，如果只有一个母版，则“删除”按钮将不可用。

实验 6-3　演示文稿的动画设置与放映

任务 1：演示文稿的动画设置

1. 实验目的

掌握演示文稿动画设置的基本操作方法。

2. 实验内容

（1）幻灯片切换动画设置。

（2）幻灯片对象动画设置。

3. 实验步骤/操作指导

PowerPoint 2010 的动画包括幻灯片的切换动画和幻灯片对象的动画。

（1）幻灯片切换动画设置。

1）打开演示文稿，在幻灯片浏览视图中选择要添加切换效果的幻灯片。

2）单击“切换”功能区，如图 6-14 所示。

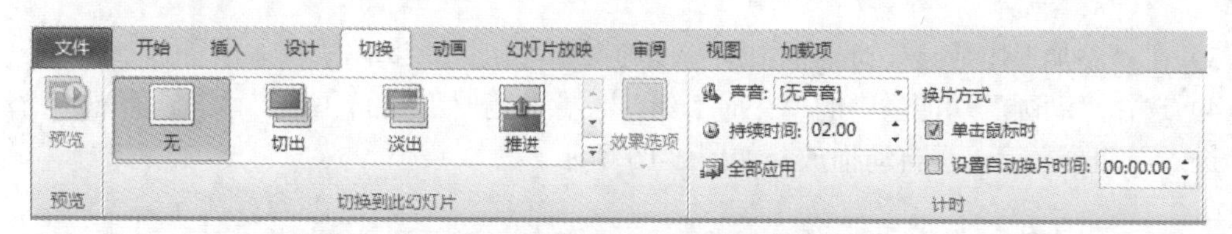

图 6-14　幻灯片切换设置功能区

3）在“切换到此幻灯片”组中选择一种动画效果，可同时进行声音、持续时间、换片方式的设置。

4）最后是否选择“全部应用”，将该效果应用到一张幻灯片，还是所有幻灯片。如果是“全部应用”，所选择的动画效果将对全部幻灯片应用同一种效果，否则，只对当前选中的幻灯片应用该效果。

（2）幻灯片对象动画设置。

动画是演示文稿的后期处理，也是最重要的一环，以动画的“进入”与“退出”最为常用，下面分别进行介绍。

- “进入”动画设置。

1）选中需要设置动画的对象，选择“动画”功能区“动画组”的“添加动画”按钮。

2）在展开的“添加动画”窗格中选择“更多进入效果”按钮，弹出“添加进入效果”对话框。

3）在“添加进入效果”对话框中选择“十字形扩展”，并单击“确定”。

4）在演示文稿的右侧“动画窗格”中列出了本张幻灯片上所有对象的动画及先后顺序。如图 6-15 所示。

- “退出”动画设置。

1）选中需要设置动画的对象，选择“动画”功能区“动画组”的“添加动画”按钮。

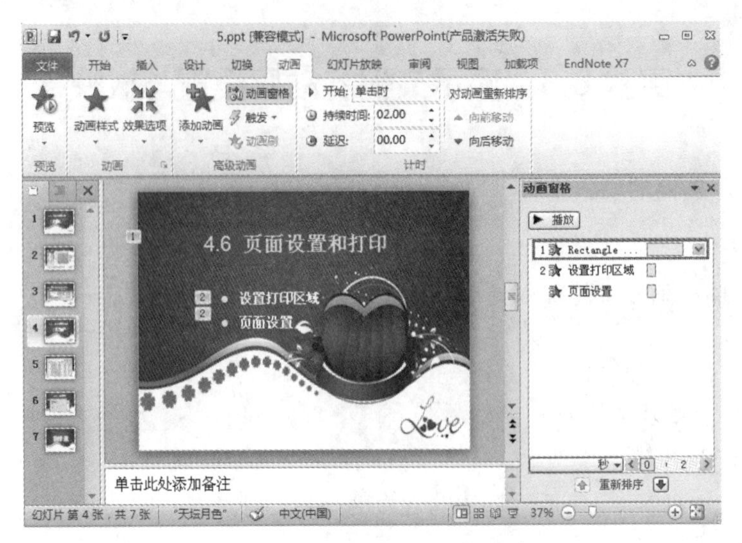

图 6-15 对象的动画及先后顺序

2）在展开的“添加动画”窗格中选择“更多退出效果”按钮，弹出“添加退出效果”对话框。

3）在“添加退出效果”对话框中选择“细微型-收缩”，并单击“确定”。

4）选择“动画”功能区中的“计时”组，设置“延时”时间（如 1 秒）让“退出”动画在“进入”动画之后 1 秒自动播放。如图 6-16 所示。

图 6-16 动画计时设置

任务 2：演示文稿超链接的设置

1. 实验目的

掌握演示文稿超链接设置的基本操作方法。

2. 实验内容

（1）给幻灯片中的文本或对象设置超链接。

（2）用动作按钮设置超链接。

3. 实验步骤/操作指导

（1）给幻灯片中的文本或对象设置超链接。

1）打开要设置超链接的演示文稿。

2）在普通视图或幻灯片视图中选定用于创建超链接的文本或对象。

3）单击“插入”功能区“链接”组中的“超链接”按钮，弹出“插入超链接”对话框。

4）在“插入超链接”对话框中选择要链接的目标，这些目标有：现有文件或网页、本文档中的位置、新建文档、电子邮件地址。

5）选定某一目标位置后，单击“确定”按钮返回到原幻灯片，此时设置过超链接的文本或对象的颜色已经发生了改变。

6）重复上述步骤，可将幻灯片上的文本或对象链接到多个目标位置。如图 6-17 所示。

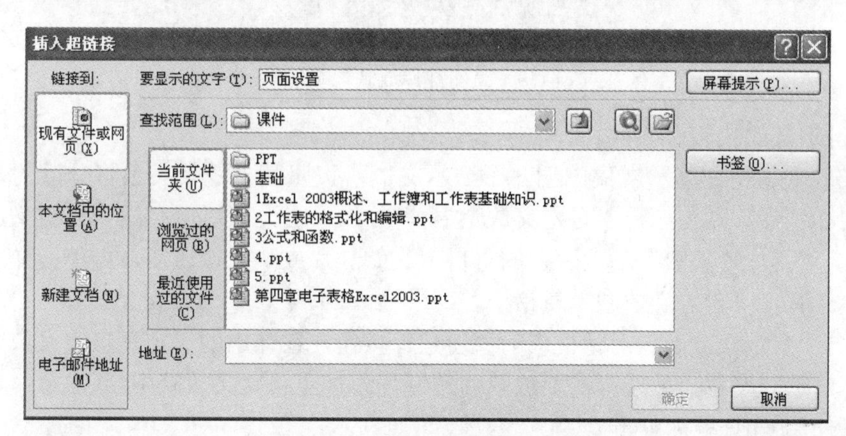

图 6-17　“插入超链接”对话框

（2）用动作按钮设置超链接。

1）打开要插入“动作按钮”的幻灯片。

2）单击“插入”功能区上的“形状”按钮，在弹出的扩展面板中选择“动作按钮”，从“动作按钮”组中选择所需的按钮，然后将鼠标指针移到幻灯片的空白位置单击，即插入一个默认大小的按钮，同时显示“动作设置”对话框。

3）每个按钮都有一个默认的动作设置，如选择“后退或前一项”按钮，则在“动作设置”对话框中自动选择“超链接到”单选按钮，然后在下拉列表中显示“上一张幻灯片”，这是默认链接对象，也可以将它链接到其他幻灯片上。

4）设置完后单击“确定”按钮，返回到当前幻灯片，进一步调整按钮的大小和位置即可。

任务 3：演示文稿的放映和打包

1. 实验目的

掌握演示文稿放映的基本操作方法。

掌握演示文稿打包的基本操作方法。

2. 实验内容

（1）演示文稿的放映。

（2）自定义放映的设置。

（3）演示文稿的打包。

3. 实验步骤/操作指导

（1）演示文稿的放映。

1）打开要放映的演示文稿。

2）单击“幻灯片放映”功能区，进行幻灯片放映或设置，如图 6-18 所示。

3）在“开始放映幻灯片”组中，可以选择开始位置、自定义放映幻灯片等。

4）在“设置”组中，可以对幻灯片放映进行排练计时、播放旁白等设置。

图 6-18 “幻灯片放映”功能区

（2）自定义放映的设置。

自定义放映是指在演示文稿中创建子演示文稿，按照某一逻辑关系将分散的一些幻灯片组成一个幻灯片集，即为一种“自定义放映”，并加以命名，然后保存这一自定义放映。

1）单击“幻灯片放映”功能区中的“自定义幻灯片放映”按钮后，再单击弹出的“自定义放映”项。弹出“自定义放映”对话框。

2）单击“自定义放映”对话框中的“新建”按钮，在弹出的“定义自定义放映”对话框中输入幻灯片放映名称，并选择需要放映的幻灯片添加至自定义放映中。（注意：选择不连续的幻灯片可使用 Ctrl+鼠标单击）。

3）单击“确定”按钮完成自定义放映的定义，关闭“自定义放映”对话框后，用户自定义放映将出现在“自定义幻灯片放映”按钮下。

4）用同样的方法可以创建多个自定义放映。

5）自定义放映设置好后，单击“幻灯片放映”功能区中的“自定义幻灯片放映”按钮，在该按钮的下面将显示刚刚创建好的自定义幻灯片放映，选中该放映即可预览放映效果。

（3）演示文稿的打包。

1）打开需要打包的演示文稿，单击“文件”功能区，在弹出的菜单中选择“保存并发送”命令，再单击“将演示文稿打包成 CD”→“打包成 CD”。

2）选择打包文件的存放位置，单击“复制到 CD”按钮，根据“打包成 CD”对话框，提示链接文件是否打入包中。或者单击“复制到文件夹”按钮，选择打包文件存放目录及目录的名称。

3）完成打包后会并自动打开打包文件所在的文件夹。

第 7 章　计算机多媒体技术

实验 7-1　制作书签

1. 实验目的

熟练掌握 Photoshop 的基本操作和工具箱中工具的使用。

2. 实验任务与要求

（1）掌握文件新建、打开和保存的方法。

（2）掌握选区工具。

（3）掌握画笔工具。

（4）掌握文字工具。

3. 实验步骤/操作指导

（1）选择“文件”菜单中的“新建”命令，在弹出的对话框中设置新建文件的大小、分辨率等参数，如图 7-1 所示。

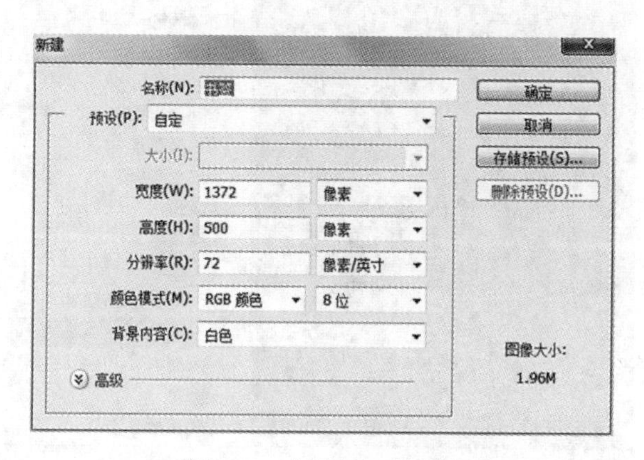

图 7-1　“新建”对话框

（2）设置前景色为“#f2fb63”，选择工具箱中的“油漆桶”工具，填充背景颜色。

（3）新建一个图层，命名为“边框”，设置前景色为“#99fb63”，选择“矩形选框工具”，设置选取工具的羽化值为“8 像素”，然后在工作窗口绘制选取，填充前景色，如图 7-2 所示。

图 7-2　填充边框图层

（4）新建一个图层，命名为“花朵”，设置前景色为“#25bbb2”，选择“画笔”工具，打开画笔笔触面板，然后单击“设置”按钮，在弹出的菜单中选择“特殊效果画笔”，如图 7-3 所示，然后弹出是否替换当前画笔的对话框，选择“确定”按钮。

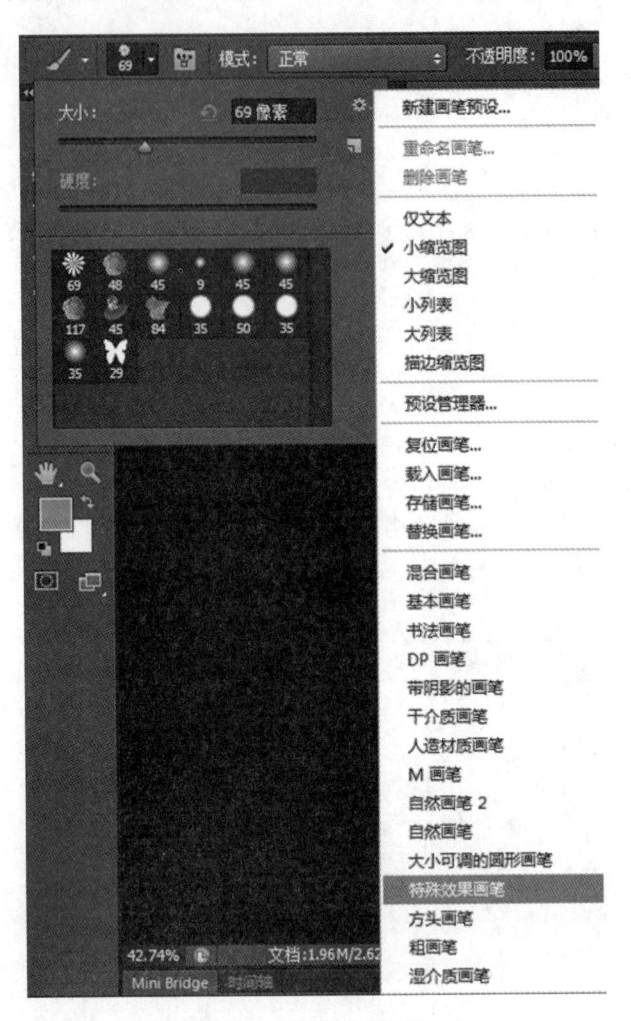

图 7-3　特殊效果画笔

（5）然后在新画笔的下拉面板中选择第一种笔刷，打开画笔面板设置画笔的相关参数，在“画笔笔尖形状”面板中设置间距为“196%”，在“散布”面板中设置散布的参数为“800%”，在“颜色动态”面板中设置“色相抖动”为“40%”，“饱和度抖动”为“30%”，如图 7-4 所示，然后在“花朵”图层上绘画，效果如图 7-5 所示。

（6）选择“横排文字”工具，设置文字的相关参数，字体为“华文楷体”，大小为“100”，颜色为“黑色”，如图 7-6 所示，输入文字“人生观”。

（7）选择“横排文字”工具，设置字体为“华文楷体”，大小为“36”，效果为“浑厚”，在工作区中按住鼠标左键拖拽，生成一个文本框，输入段落文字“对朋友交心 对感情真心 对工作开心 对生命用心 这世界上就没有什么不顺心了”，效果如图 7-7 所示。

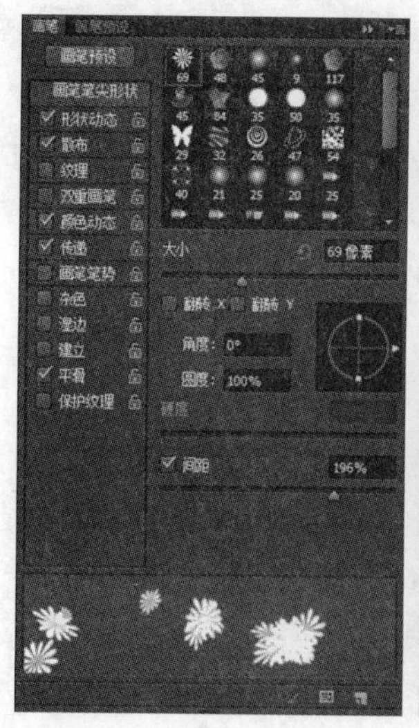

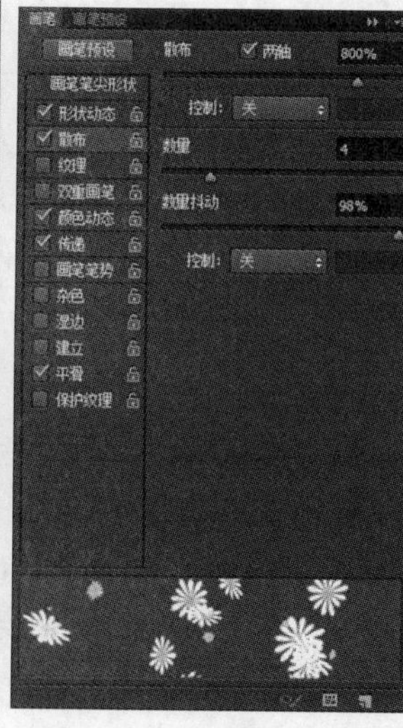

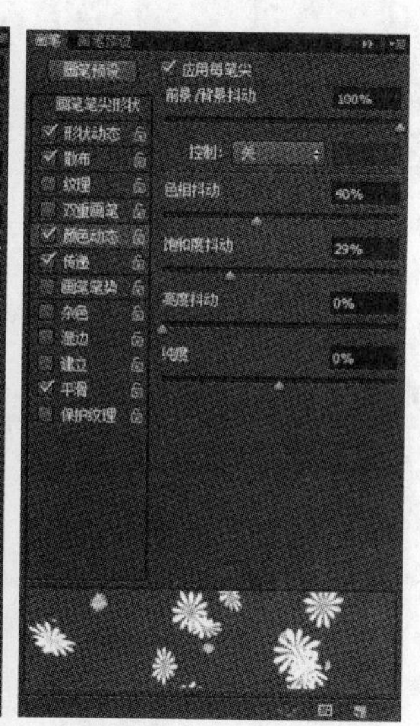

图 7-4　设置画笔参数

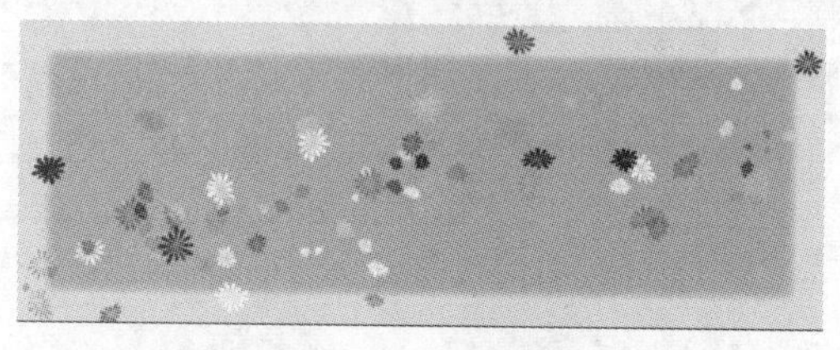

图 7-5　绘制后效果

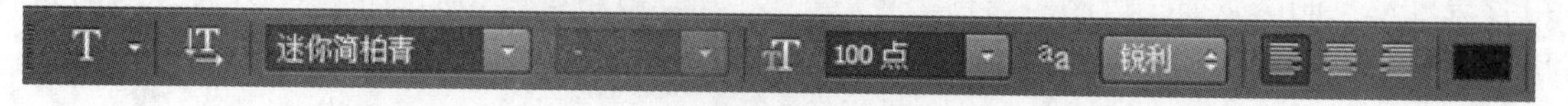

图 7-6　字体设置

图 7-7　输入文字后效果

（8）选择“文件”菜单下的“保存”命令保存文件，命名为“书签.psd”，然后再次选择“另存为”命令，保存类型为“.jpg”。

实验 7-2　制作拼图

1. 实验目的

熟练掌握 Photoshop 的图层样式的使用。

2. 实验任务与要求

（1）掌握钢笔工具和路径选择工具。

（2）掌握形状变形的方法。

（3）掌握基本的快捷键。

（4）掌握图层样式。

3. 实验步骤/操作指导

（1）选择“文件”菜单下的“新建”命令，设置相关参数，如图 7-8 所示，单击“确定”按钮。

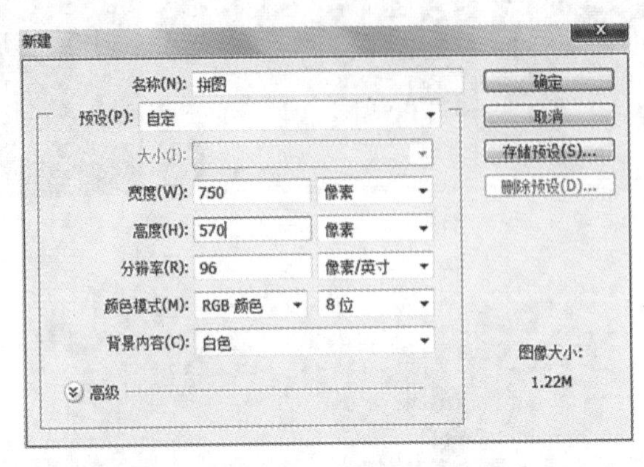

图 7-8 “新建”对话框

（2）打开“素材”文件夹下的“校园一角.jpg”，按组合键 Ctrl+A 全选，然后按 Ctrl+C 组合键进行复制，激活“拼图”窗口工作区，按 Ctrl+V 组合键粘贴新图层，并将生成的新图层命名为“校园”，如图 7-9 所示。

图 7-9 生成新图层

（3）选择“视图”菜单下的“标尺”命令，在工作区窗口出现标尺工具，选择该菜单下的“显示”命令中的“网格线”，编辑窗口出现网格线，单击标尺，按住鼠标左键向下拖拽，绘制参考线，如图 7-10 所示。

（4）选择“钢笔”工具，在图片上勾勒出一个三角区，如图 7-11 所示，为了方便看清勾勒的效果，将网格线和“校园”图层隐藏。

图 7-10　绘制参考线

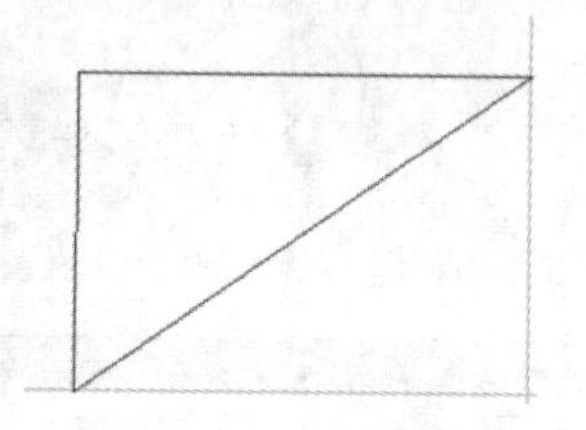

图 7-11　用钢笔工具勾勒三角形路径

（5）显示“校园”图层，在选中“校园”图层前提下单击“路径”面板，选中“工作路径 1”图层，然后单击“路径”面板下方的“将路径转换为选取”按钮，然后回到“图层”面板，按组合键 Ctrl+X，剪切“校园”图层，按组合键 Ctrl+V，粘贴剪切的部分，效果图如图 7-12 所示，将剪贴生成的新图层命名为“1”。

图 7-12　分割图层（1）

（6）选择“路径选择工具”将三角形路径移动到下一个分区，重复步骤（5），将其分割，并将生成的新图层命名为“2”。以此类推，重复步骤（5）和步骤（6），将整张图片分割为多张三角形，如图 7-13 所示。

图 7-13　分割图层（2）

（7）选择“矩形选区工具”，然后勾勒一个选区，按组合键 Ctrl+X，剪切图片，再按组合键 Ctrl+V，粘贴图片，生成的新图层命名为“10”，如图 7-14 所示。将剩下的图片分别剪切，然后粘贴，生成新的图层，并继续编号，分割整个图层，所有图层分割后的效果如图 7-15 所示。

图 7-14　分割图层（3）

图 7-15　所有图层分割完成

（8）选择图层“1”，双击该图层，弹出“图层样式”对话框，在该对话框中选择“斜面和浮雕”，相关参数如图 7-16 所示。在“纹理”面板选择“艺术表面”中的“粗织物”纹理，图层样式设置，如图 7-16 所示。

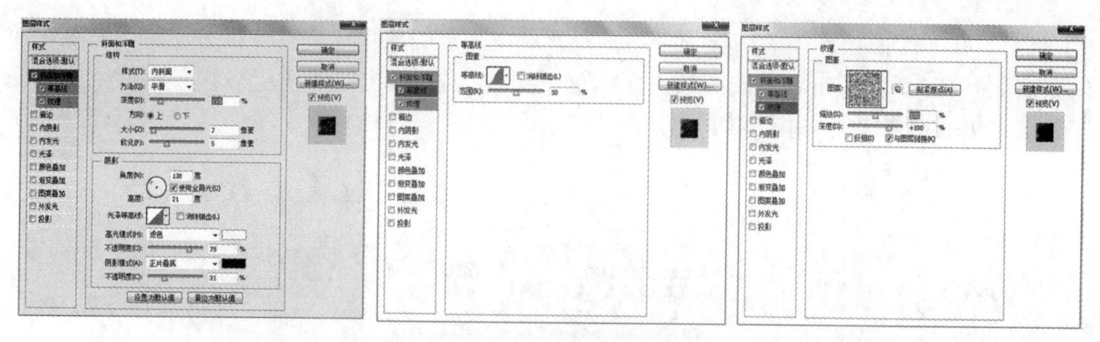

图 7-16　图层样式参数设置

（9）选中“1”图层，右击鼠标，在弹出的菜单中选择“拷贝图层样式”，选中“2”图层，然后按住 Shift 键，单击图层“18”，将图层“2”和图层“18”全部选中，然后右击，在弹出的菜单中选择“粘贴图层样式”，效果如图 7-17 所示。

图 7-17　图层样式效果图

（10）选中整张图片的部分图层，然后选择“编辑”菜单中的“透视”命令，则选中的图层出现 8 个控点，利用鼠标选择控点，调整图片的透视效果，如图 7-18 所示，调整完成按 Enter 键确认变换。

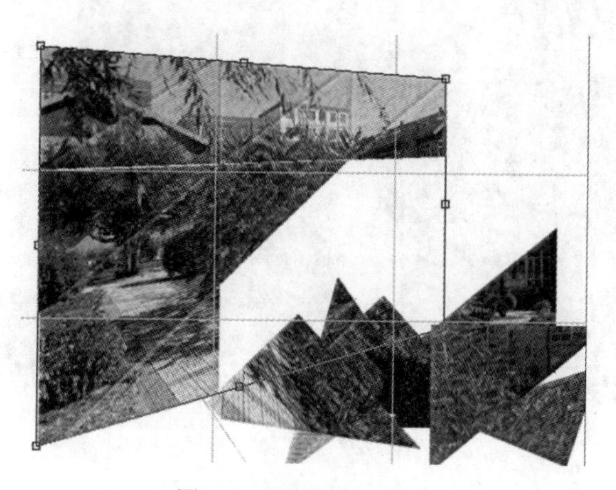

图 7-18　调整透视效果

（11）在多个图层选中的情况下，右击鼠标，在弹出的菜单中选择“合并图层”命令，使多张图层合并，然后双击合并的图层，命名为“拼好”，在弹出的“图层样式”对话框中选择“投影”，并设置参数，如图 7-19 所示。

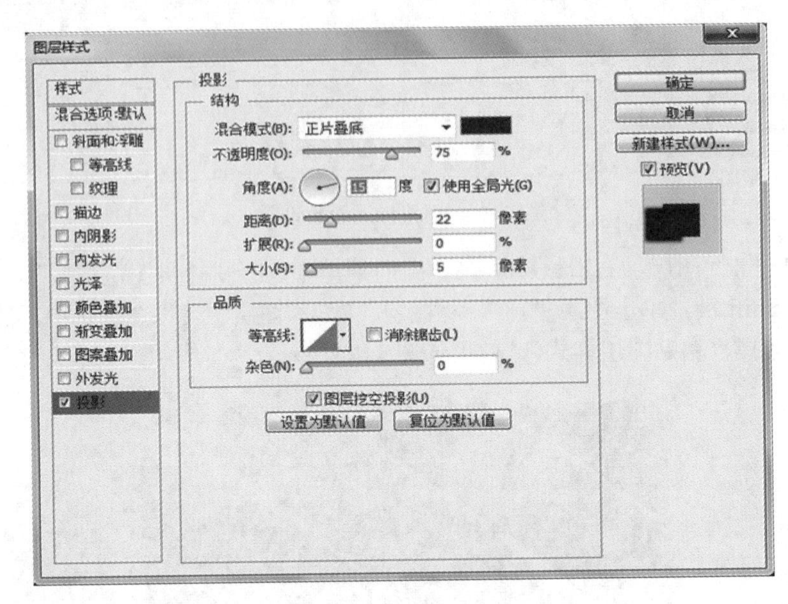

图 7-19 投影设置

（12）将剩下的图层同样合并，新图层命名为“剩下”，然后新建一个图层，命名为“阴影”，选中“阴影”图层的前提下，按住 Ctrl 键，单击“剩下”图层，得到选区，设置前景色为“#404040”，然后选择“选择”菜单下的“修改”中的“羽化”，设置羽化的值为“5”，单击“油漆桶”工具填充，然后用方向键，移动“阴影”图层的位置。

（13）选中“剩下”图层和“阴影”图层，然后按组合键 Ctrl+T 进行变形。按住 Ctrl 键，然后用鼠标选择变形的控点拖拽就可以实现变形，效果如图 7-20 所示。

图 7-20 最终效果图

（14）选择“文件”菜单下的“保存”命令，保存文件，命名为“拼图.psd”。

实验 7-3　制作动态画轴

1. 实验目的

熟练掌握 Photoshop 中 GIF 图片的制作。

2. 实验任务与要求

（1）掌握油漆桶工具。

（2）掌握时间轴的使用方法。

3. 实验步骤/操作指导

（1）选择“文件”菜单下的“新建”命令，打开“新建”对话框，设置相关参数，如图 7-21 所示。

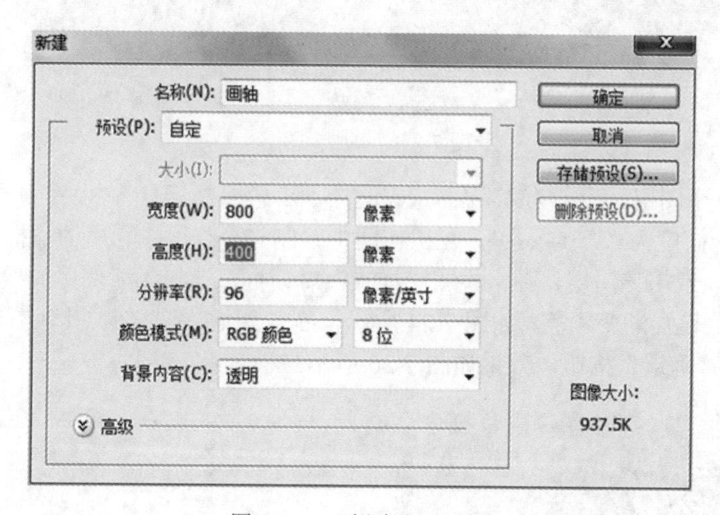

图 7-21　“新建”对话框

（2）新建一个图层，命名为“画布”，然后选择“矩形选框工具”，设置样式为“固定大小”，宽度为“750 像素”，高度为“350 像素”，在工作区中单击，形成一个矩形选区。选择“油漆桶”工具，设置油漆桶的填充方式为“图案”，选择“彩色纸”类型中的“浅褐色白斑纸”，然后填充选区，如图 7-22 所示。

图 7-22　画布图层填充

（3）将“素材”文件夹中的“清明上河图.jpg”打开，然后按组合键 Ctrl+A 全选，按组合键 Ctrl+C 复制，回到“画轴”工作区，按组合键 Ctrl+V 粘贴，将该图层命名为“清明上河图”，移动到适当位置，如图 7-23 所示。

图 7-23 添加新图层

（4）新建一个图层，命名为“卷轴 1”，选择“矩形选框工具”，设置为“固定大小”，宽度为“25 像素”，高度为“750 像素”，在工作区中绘制一个选区，利用油漆桶工具填充“浅褐色白斑纸”图案。双击该图层，弹出“图层样式”对话框，选择“渐变叠加”选项，单击“渐变编辑器”按钮，设置渐变颜色，如图 7-24 所示，单击“确定”按钮。其他参数设置如图 7-25 所示，然后单击“确定”按钮，效果如图 7-26 所示。

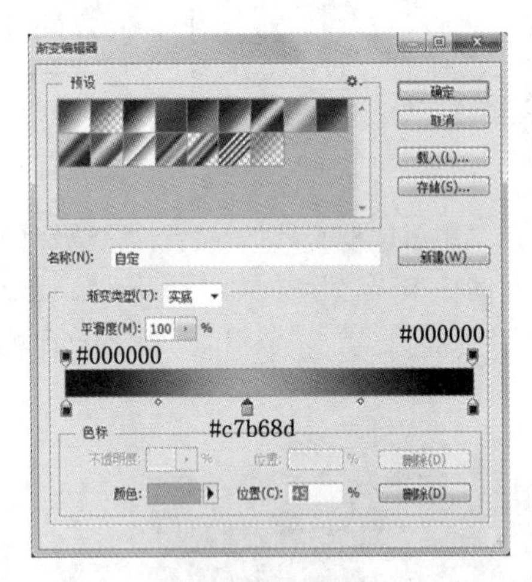

图 7-24 渐变颜色编辑

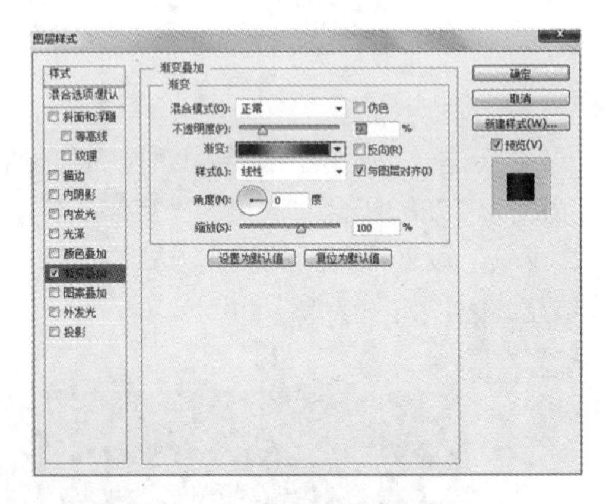

图 7-25 渐变叠加参数设置

（5）新建一个图层，命名为“卷轴 2”，选择“矩形选框工具”，设置为“固定大小”，宽度为“18 像素”，高度为“800 像素”，在工作区中绘制一个选区，利用油漆桶工具填充“墨绿色纸”图案。双击该图层，弹出“图层样式”对话框，选择“渐变叠加”选项，单击“渐变编辑器”按钮，设置渐变颜色为“黑-白-黑”，单击“确定”按钮。其他参数设置如图 7-27 所示，然后单击“确定”按钮，将“卷轴 2”图层移动到“卷轴 1”图层下方，效果如图 7-28 所示。

图 7-26　添加卷轴 1 效果

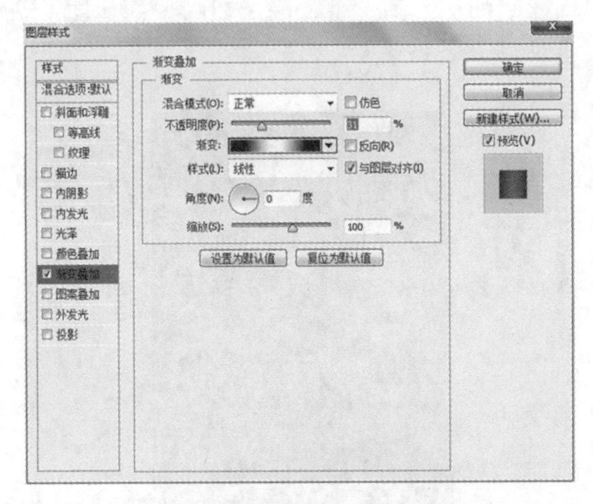

图 7-27　卷轴 2 添加图层样式

图 7-28　卷轴效果

（6）选中“卷轴 1”图层和“卷轴 2”图层，然后单击“图层”菜单中的“合并图层”命令，将其合并，默认的图层名称为“卷轴 1”，将“卷轴 1”图层拖拽到“图层”面板下方的“新建”按钮上，复制一个新图层，重新命名为“卷轴 2”。利用“移动工具”移动到适当的位置，如图 7-29 所示。

图 7-29　两个卷轴

（7）选中“清明上河图”图层和“画布”图层，执行“合并图层”命令，默认生成的图层名为“清明上河图”，选择“图层”面板下方的“蒙版”按钮，在该图层添加一个蒙版，如图 7-30 所示。

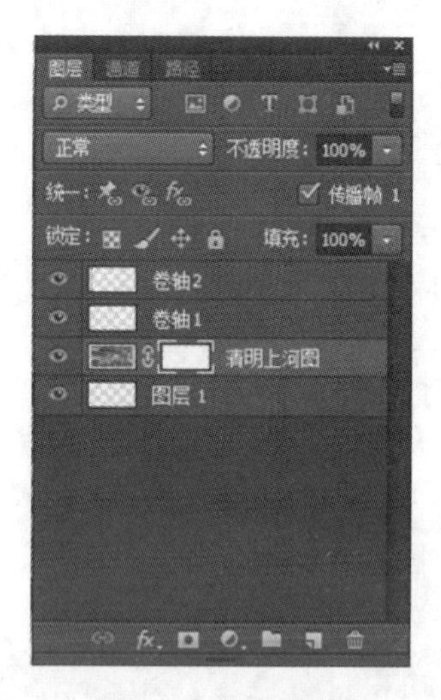

图 7-30　添加蒙版

（8）在选中蒙版的前提下，利用“矩形选框工具”绘制一个选区，如图 7-31 所示，然后填充“黑色”，效果如图 7-32 所示。

图 7-31　绘制选区

图 7-32　填充蒙版

（9）解除图层和蒙版之间的链接。单击“清明上河图”图层和蒙版图层之间的按钮，取消链接。

（10）单击工作区下方的“时间轴”按钮，弹出“时间轴”面板，如图 7-33 所示。

图 7-33　“时间轴”面板

（11）单击“时间轴”面板中的“复制所选帧”按钮，出现第 2 帧。在第 2 帧中利用“移动工具”移动蒙版中的黑色区域，如图 7-34 所示。直到蒙版中没有黑色区域为止。

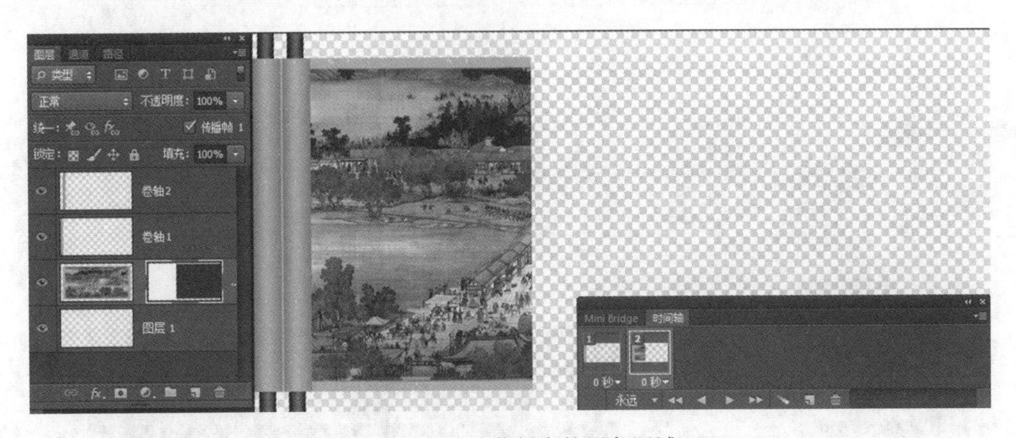

图 7-34　移动蒙版中的黑色区域

（12）在第 2 帧中移动“卷轴 2”图层到工作区右侧，如图 7-35 所示。

（13）单击“时间轴”面板中的“过渡帧”按钮，在弹出的对话框中设置“要添加的帧数”为 10，然后单击“确定”按钮，如图 7-36 所示，此时时间轴面板中出现 12 帧。

（14）同时选中时间轴面板中的 12 帧，然后单击任意一帧中的秒数下拉按钮，设置时间为“0.2 秒”，如图 7-37 所示。

图 7-35　移动“卷轴 2”

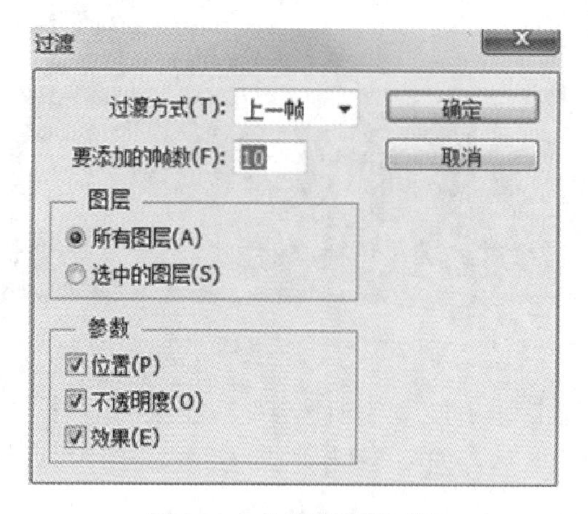

图 7-36　“过渡”对话框

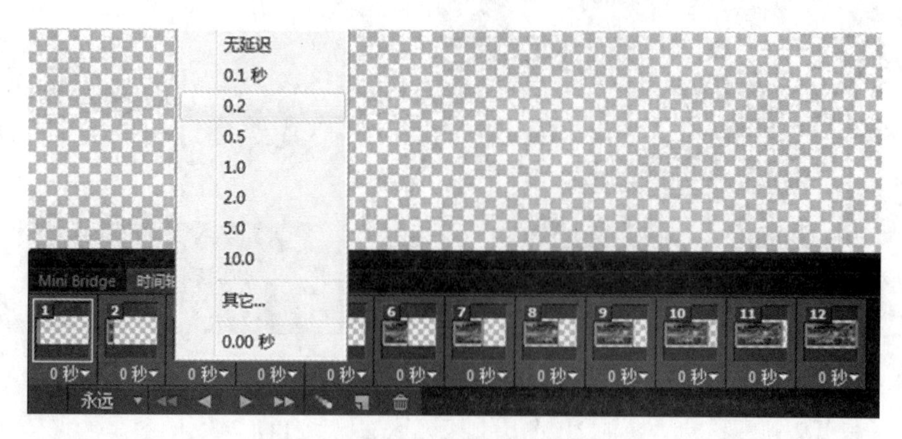

图 7-37　设置帧延时时间

（15）单击“播放”按钮，观看动画效果。

（16）选择“文件”菜单下的“存储”命令，存储文件为“画轴.psd”，选择“文件”菜单下的“存储为 Web 所有格式”命令，然后单击“存储”按钮，如图 7-38 所示。

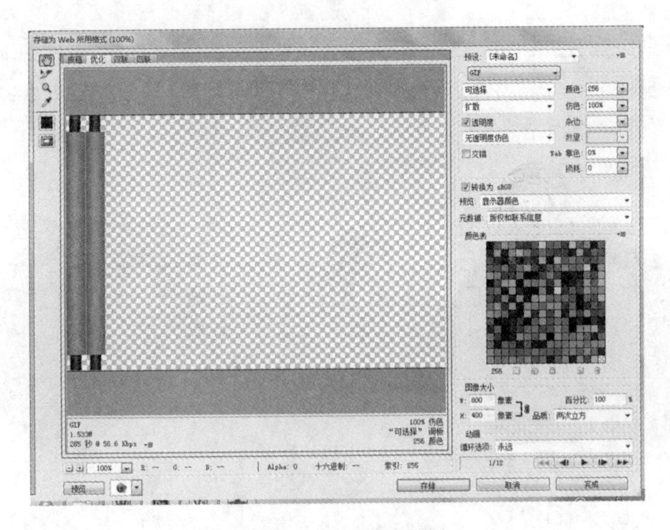

图 7-38　生成 gif 图片

实验 7-4　制作爱心动画

1. 实验目的

熟练掌握形状补间动画的制作。

2. 实验任务与要求

（1）掌握形状工具、选择工具和部分选择工具的使用。

（2）掌握补间动画的创建。

3. 实验步骤/操作指导

（1）启动 Flash CS6，选择“文件”菜单中的“新建”命令，选择“ActionScript 2.0”选项，其他参数默认，然后单击“确定”按钮。

（2）选择“椭圆工具”，在属性面板中设置笔触颜色为“无颜色”，填充颜色为“红色”，如图 7-39 所示。

（3）按住 Shift 键在舞台中间画一个正圆，选择“选择工具”，按住 Ctrl 键，选中已画好的红圆然后拖拽，实现复制圆形的操作，如图 7-40 所示。

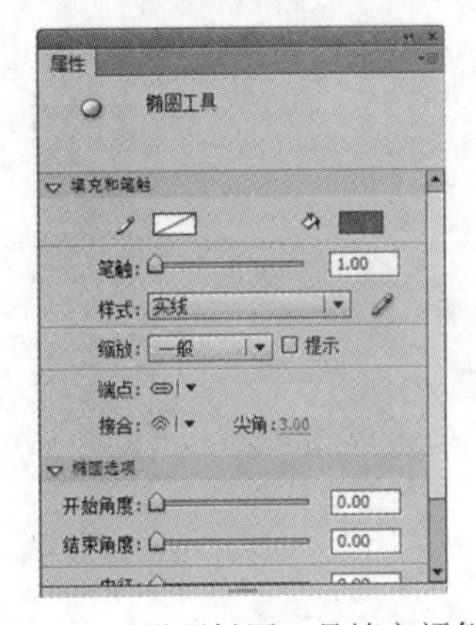

图 7-39　设置椭圆工具填充颜色

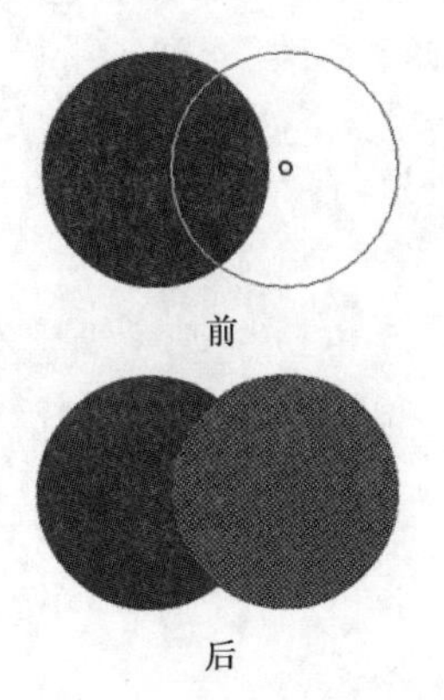

图 7-40　绘制两个正圆

（4）选择“部分选择工具”，然后在图形上单击，出现多个控点，如图 7-41 所示。调整这些控点，使形状变成心形，如图 7-42 所示。选择“窗口”菜单中的“对齐”命令，在弹出的“对齐”面板中设置图形相对于舞台为“水平垂直居中”。

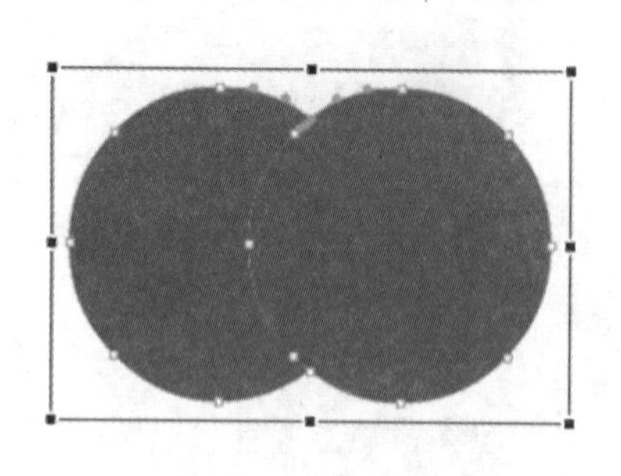

图 7-41 变形控点

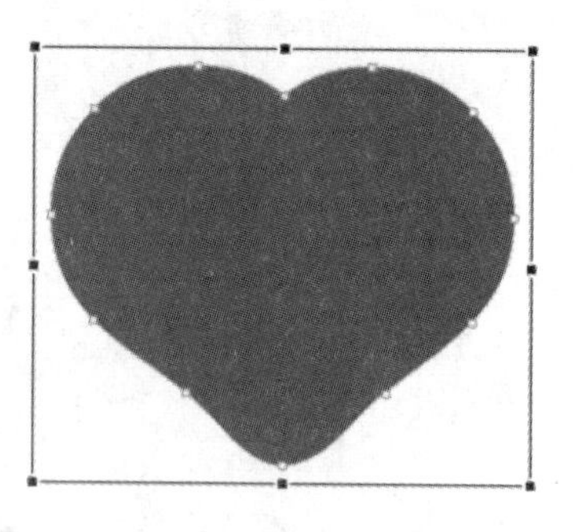

图 7-42 变形心形

（5）在“时间轴”上选择第 40 帧，然后右击鼠标，在弹出的菜单中选择“插入空白关键帧”命令，如图 7-43 所示。

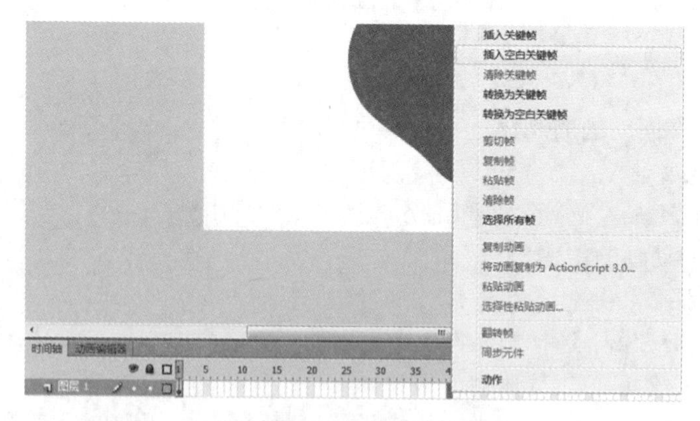

图 7-43 插入空白关键帧

（6）在第 40 帧选择“文字工具”，然后设置字体颜色为“红色”，其他参数默认，在舞台上输入文字“LOVE”，选择“窗口”菜单中的“对齐”命令，在弹出的“对齐”面板中设置图形相对于舞台为“水平垂直居中”。

（7）选择“修改”菜单中的“分离”命令，执行两次，使文字变成图形，处于分离状态，如图 7-44 所示。

图 7-44 分离文字

（8）在时间轴的第 1 帧和第 40 帧之间右击鼠标，在弹出的菜单（如图 7-45 所示）中选择“创建补间动画”。

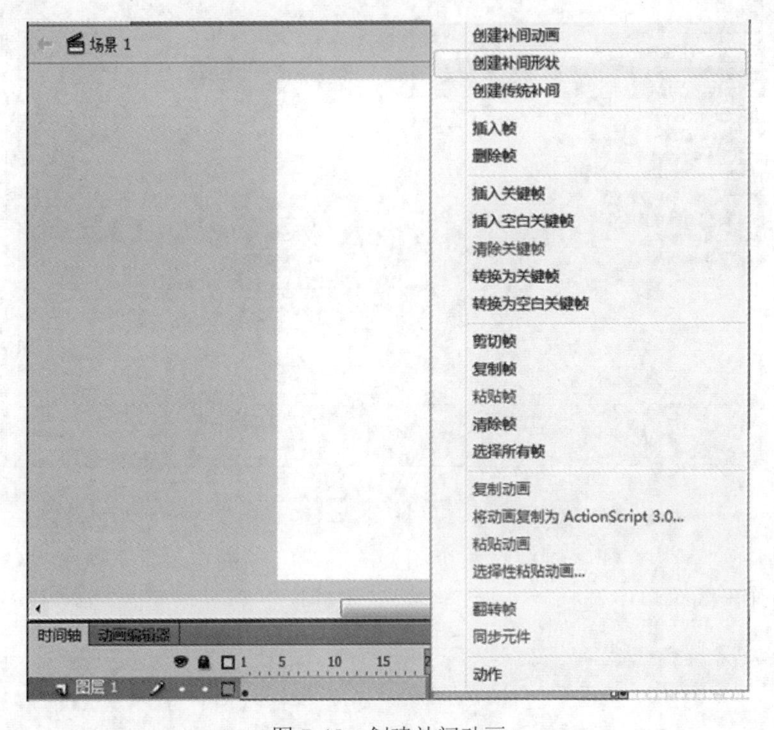

图 7-45　创建补间动画

（9）选择“文件”菜单中的“保存”命令，然后按组合键 Ctrl+Enter 组合键，然后预览动画影片，并生成动画影片文件。

实验 7-5　制作飞舞的蝴蝶

1. 实验目的

熟练掌握引导层动画的制作。

2. 实验任务与要求

（1）掌握铅笔工具的使用。

（2）掌握引导层动画的创建。

3. 实验步骤/操作指导

（1）选择“文件”菜单中的“新建”命令，然后在弹出的窗口中选择“ActionScript 2.0”，高度为“500 像素”，宽度为“333 像素”，然后单击“确定”按钮，如图 7-46 所示。

（2）选择“文件”菜单“导入”命令下的“导入到库”命令，在打开窗口选择“素材”文件夹中的“花丛.jpg”和“蝴蝶.png”两个图片。

（3）将“花丛.jpg”拖拽到舞台中，并将“图层 1”重新命名为“花丛”，然后单击时间轴上的“新建”按钮，新建一个图层，命名为“蝴蝶”，然后将“蝴蝶.png”拖拽到舞台中，调整大小，如图 7-47 所示。

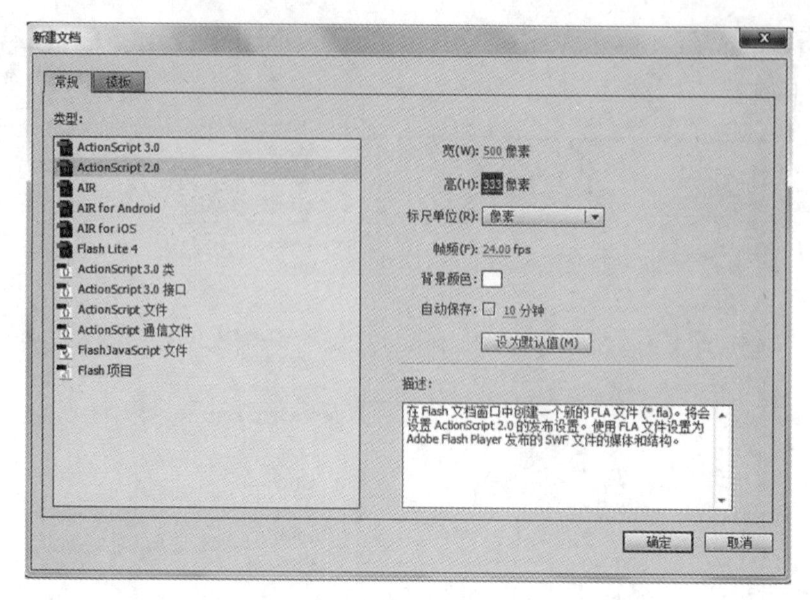

图 7-46 新建窗口

（4）分别在“花丛”和“蝴蝶”两个图层的第 40 帧的位置插入关键帧，然后右击“蝴蝶”图层，在弹出的菜单中选择“添加传统运动引导层”命令，如图 7-48 所示。

图 7-47 导入素材

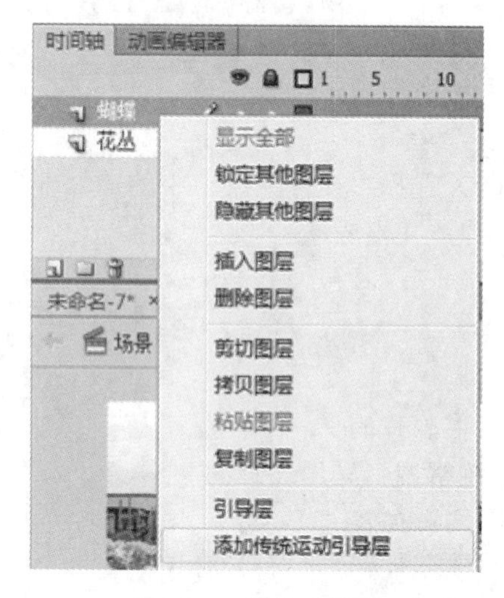

图 7-48 添加引导层

（5）利用“铅笔工具”在引导层中绘制路径，如图 7-49 所示。注意，为了看清效果，将“花丛”图层隐藏。

（6）选择“蝴蝶”图层，在第一帧将蝴蝶移动到路径开始的位置，在最后一帧将蝴蝶移动到路径结束的位置，如图 7-50 所示。

（7）选中“蝴蝶”图层中第一帧和最后一帧的任何位置，右击鼠标，在弹出的菜单中选择“创建传统补间动画”命令，显示“花丛”图层。

（8）在“文件”菜单下选择“保存”命令，命名为“蝴蝶飞舞”，然后按组合键 Ctrl+Enter 生成影片。

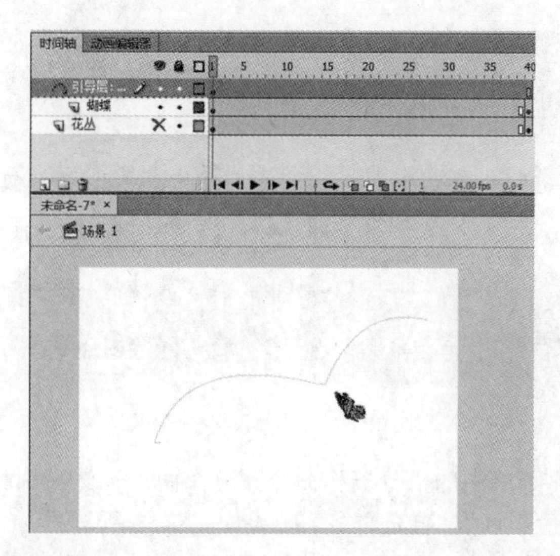

图 7-49 设置引导层路径

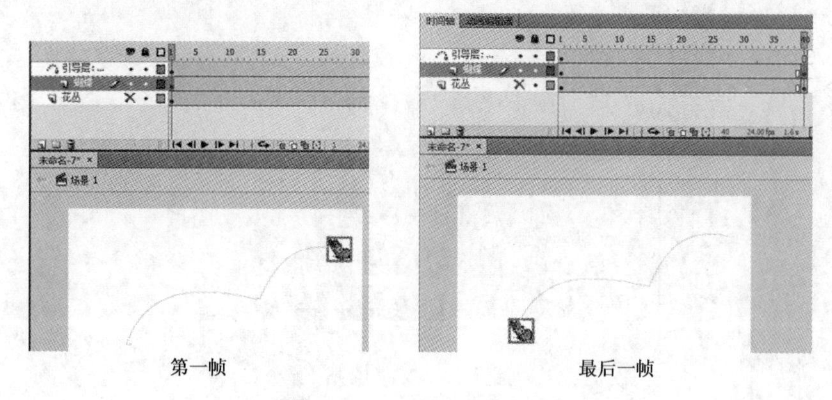

图 7-50 调整蝴蝶路径位置

实验 7-6 制作探照灯文字

1. 实验目的

熟练掌握遮罩层动画的制作。

2. 实验任务与要求

（1）掌握铅笔工具的使用。

（2）掌握引导层动画的创建。

3. 实验步骤/操作指导

（1）在“文件”菜单中选择“新建”命令，然后在弹出的窗口中选择“ActionScript 2.0”，其他参数默认，然后单击“确定”按钮。

（2）在“图层 1”中输入诗词“江南春 杜牧 千里莺啼绿映红，水村山郭酒旗风。南朝四百八十寺，多少楼台烟雨中。”单击“文字工具”，设置字体为“华文行楷”，大小为“50”，如图 7-51 所示。

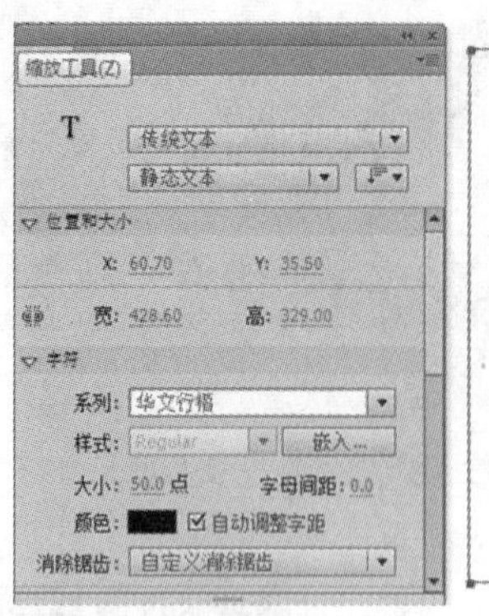

图 7-51 输入文字

（3）选择“修改”菜单中的“分离”命令，分离两次，然后选择“颜料桶工具”，屏蔽线条，填充颜色为“七色彩虹”，填充文字，效果如图 7-52 所示。

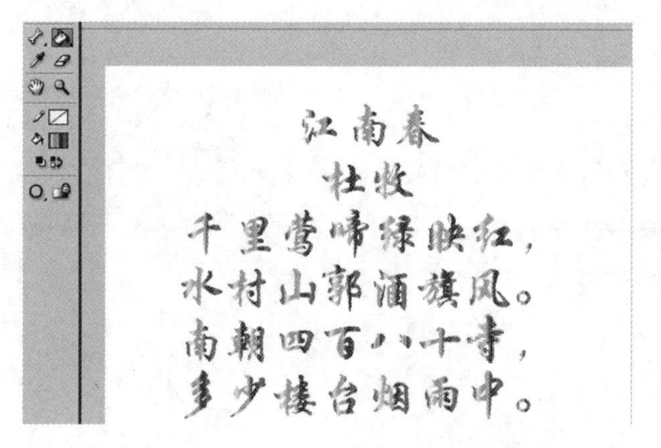

图 7-52 文字填充

（4）新建一个图层，利用“椭圆工具”在该图层上绘制一个黑色的正圆，如图 7-53 所示。

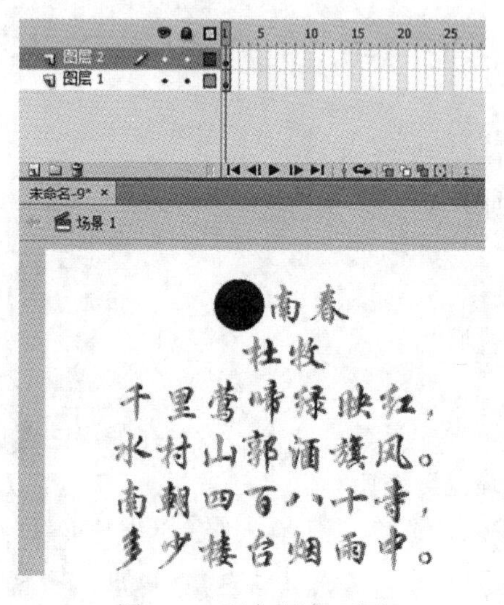

图 7-53 添加黑色正圆

（5）在两个图层的第 80 帧的位置插入关键帧，将图层 2 的第 10 帧转换为关键帧，右击鼠标，在弹出的菜单中选择“转换为关键帧”命令，如图 7-54 所示。然后将黑色正圆移动到“春”字上。

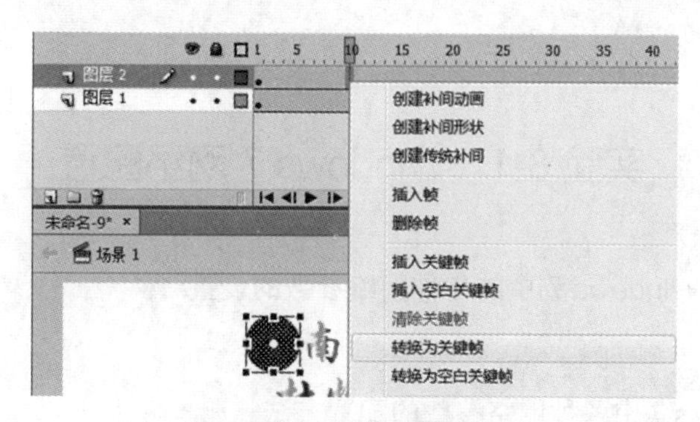

图 7-54 转换为关键帧命令

（6）将第 11 帧转换为关键帧，然后将黑圆移动到“杜”字上，将第 15 帧转换为关键帧，将黑圆移动到“牧”字上。

（7）将第 16 帧转换为关键帧，将黑圆移动到“千”字，将第 30 帧转换为关键帧，将黑圆移动到第一句诗句的逗号上。

（8）将第 31 帧转换为关键帧，将黑圆移动到“水”字，将第 45 帧转换为关键帧，将黑圆移动到第二句诗句的句号上。

（9）将第 46 帧转换为关键帧，将黑圆移动到“南”字，将第 60 帧转换为关键帧，将黑圆移动到第三句诗句的逗号上。

（10）将第 61 帧转换为关键帧，将黑圆移动到“多”字，将第 30 帧转换为关键帧，将黑圆移动到最后一句诗句的句号上，整个图层 2 的关键帧分布如图 7-55 所示。

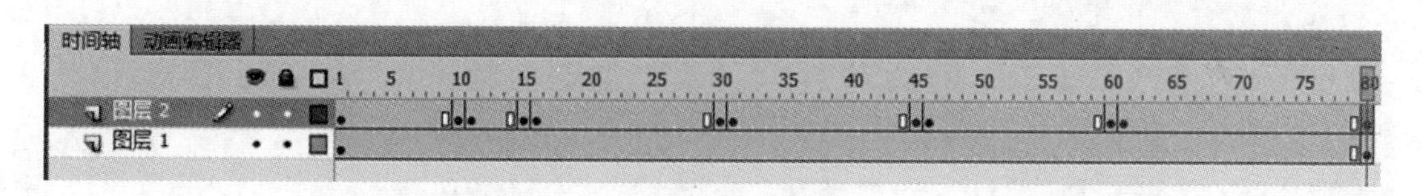

图 7-55 图层 2 关键帧分布

（11）右击“图层 2”，在弹出的菜单中选择“遮罩层”命令，然后在“图层 2”的时间轴上右击鼠标，选择“创建补间动画”命令，时间轴效果如图 7-56 所示。

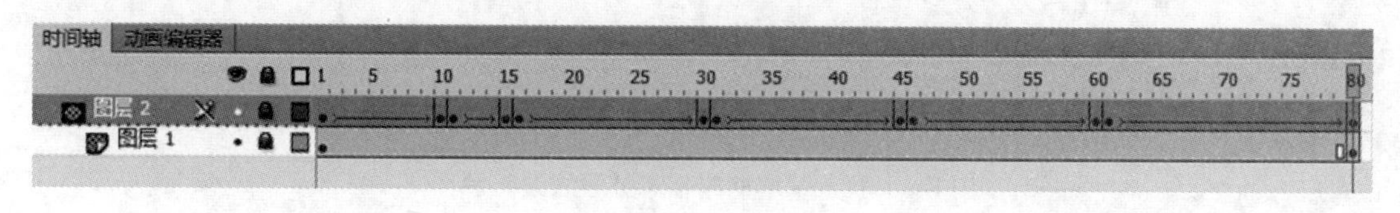

图 7-56 遮罩层

（12）在“文件”菜单下选择“保存”命令，命名为“探照灯文字”，然后按组合键 Ctrl+Enter 生成影片。

第 8 章　计算机网络与应用

实验 8-1　Windows 7 网络配置

任务：熟练掌握 Windows 7 中的各种网络参数的设置

1．实验目的

熟练掌握 Windows 7 中各种网络参数的配置方法。

2．实验任务与要求

掌握 Windows 7 操作系统网络配置的一般方法，包括网络连接方式、IP 地址、网关地址、DNS 域名地址，以及无线网络参数的基本配置。

3．实验步骤/操作指导

（1）安装通信协议。

1）选择“开始”→“设置”→“控制面板”命令，双击其中的“网络和 Internet”图标。

2）选中“网络和共享中心”中的“查看网络状态和任务”图标，如图 8-1 所示。

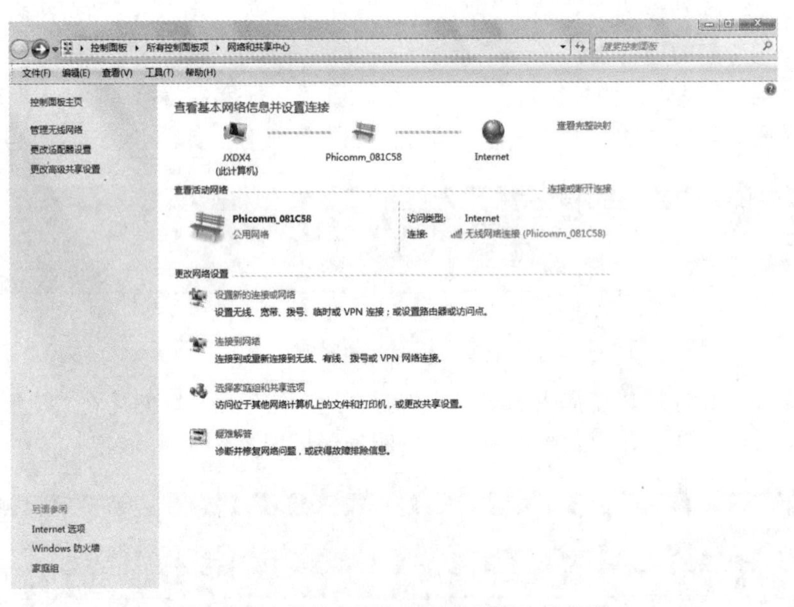

图 8-1　查看基本网络信息并设置连接界面

3）选择“本地连接属性”，如图 8-2 所示，在该对话框中选中“Internet 协议（TCP/IPv4）”选项，然后单击“属性”按钮，弹出如图 8-3 所示的对话框。在该对话框中设置 TCP/IP 协议的“IP 地址”“子网掩码”和“网关地址”，如“10.112.11.150”“255.255.255.0”和“10.112.11.129”。并设置“首选 DNS 服务器”地址，如“202.97.224.68”。

4）单击“确定”按钮，就完成网络参数的配置。

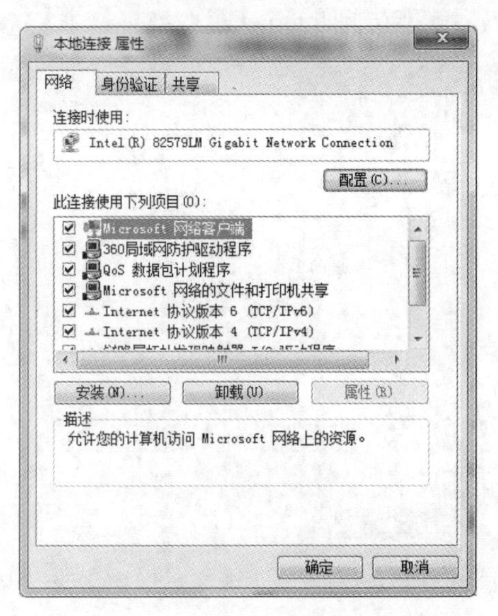

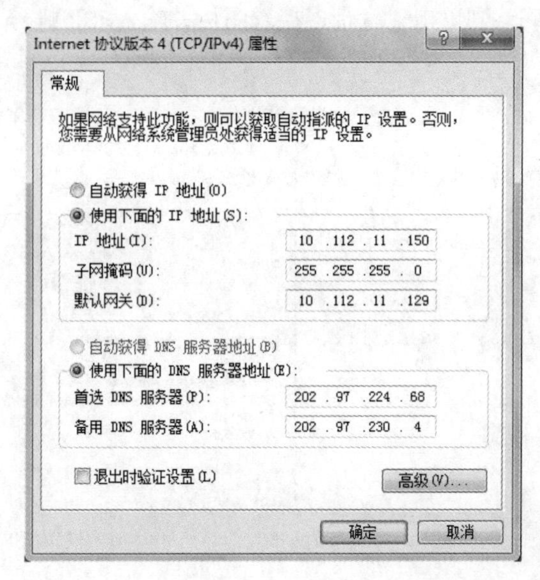

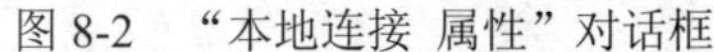

图 8-2　“本地连接 属性”对话框　　　　图 8-3　“Internet 协议版本 4（TCP/IPv4）属性”对话框

（2）宽带拨号网络配置。

拨号网络是通过调制解调器和电话网建立一个网络连接，它遵循 TCP/IP 协议。拨号网络允许用户访问远程计算机上的资源，同样，也允许远程用户访问本地用户机器上的资源。在配置拨号网络之前，用户应从 Internet 服务商（ISP）处申请账号、密码和 DNS 服务器地址，以及上网所拨的服务器的电话号码。

1）安装调制解调器。

调制解调器和其他硬件的安装方法类似，但应注意安装的调制解调器是内置的还是外置的。如果是内置的，则将其直接插到主板上即可；如果是外置的，可以使用串口进行连接。

2）添加拨号网络。

①如图 8-4 所示，选中“网络和共享中心”中的“设置连接或网络”图标。

②设置网络连接类型。如图 8-5 所示，选择连接到 Internet 上的方式。

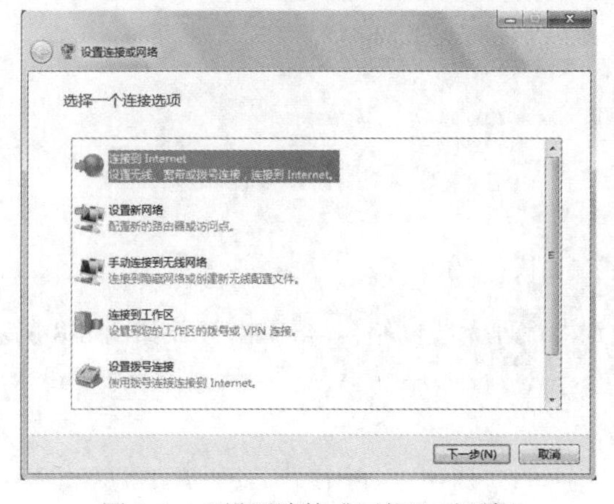

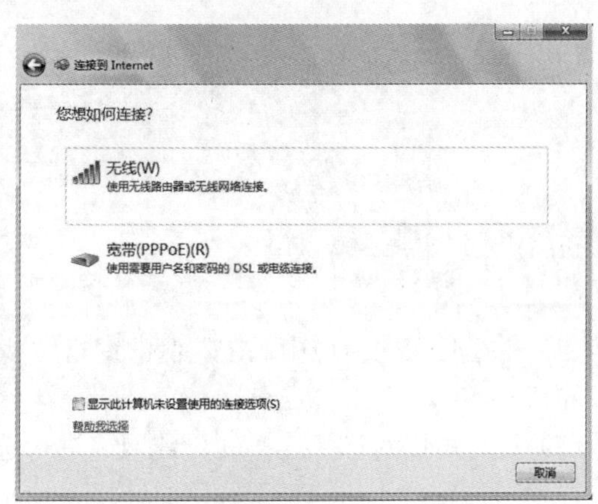

图 8-4　“设置连接或网络”对话框　　　　图 8-5　设置连接到 Internet 方式

③如图 8-6 所示，设置连接名称，进行有效用户的设置，输入 ISP 账号与密码，如果设置正确，则单击“宽带连接”图标并输入 ISP 账号与密码后就能访问 Internet 了。

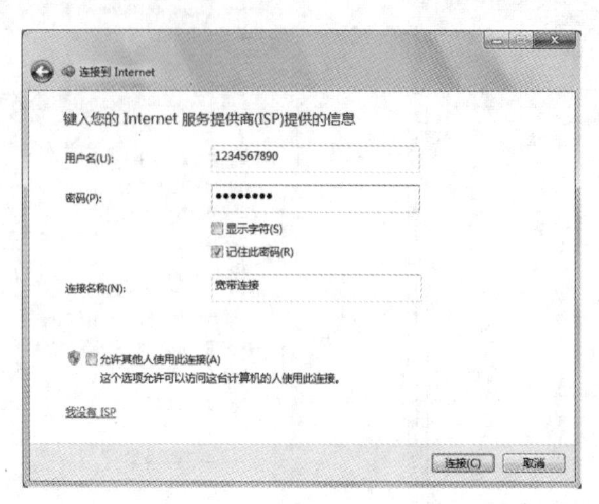

图 8-6　设置 ISP 账号与密码

（3）无线网络配置

1）打开电脑，在开始菜单里找到“控制面板”，单击打开后再找到“网络和共享中心”，再单击打开，如图 8-7 所示。

图 8-7　控制面板

2）在打开后的窗口中，在左侧的窗格中找到“管理无线网络”，再单击打开如图 8-8 所示的界面。

3）这时可以对已经连接的无线网络进行选择。

4）同时可以新建一个无线网络连接，单击“添加”按钮，弹出如图 8-9 所示的对话框，在这里输入你的路由器上设置的网络名，加密密钥这样就添加了一个无线网络。

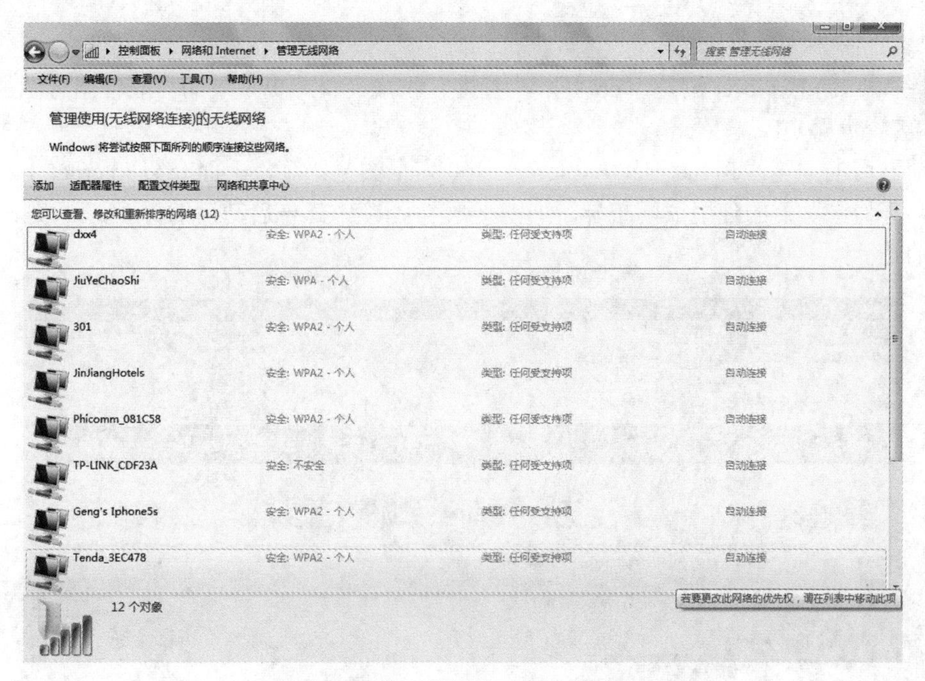

图 8-8　管理使用的无线网络界面

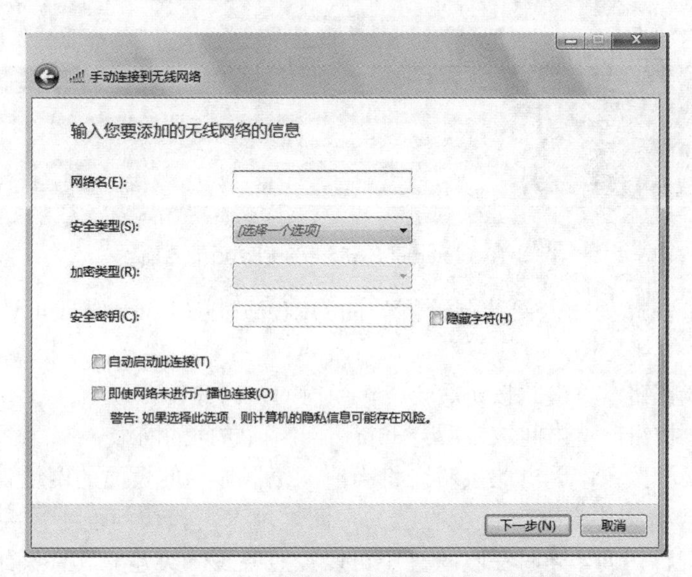

图 8-9　输入无线网络连接信息的对话框

实验 8-2　Internet Explorer 的使用

任务：应用 IE 浏览器实现网络信息的浏览

1. 实验目的

熟练掌握 Internet Explorer 操作的一般方法。

2. 实验任务

掌握 Internet Explorer 浏览 Web 页以及查询、收藏夹、历史记录的一般使用方法。

3. 实验步骤

目前常用的浏览器有 Internet Explorer、360 安全浏览器等，下面介绍 Internet Explorer 8 的使用，其他浏览器的使用大同小异。如图 8-10 所示为 IE 8 启动后的界面，下面来了解 IE 最常用的功能。

图 8-10 Internet Explorer 8 启动后的界面

（1）地址栏：在此处输入要访问的网站的 URL 地址按 Enter 键即可访问该网站的网页页面。

（2）“停止”按钮：单击此按钮后会终止当前的访问操作。

（3）“刷新”按钮：单击此按钮后会重新访问当前访问的网址。

（4）“收藏夹”按钮：单击此按钮会将当前浏览器显示的页面的网址保存到收藏夹中，以后可以直接在收藏夹中选择某一个收藏的页面地址来直接访问而不需要在浏览器的地址栏中输入网址来进行访问，同时在收藏夹中可以按照各种分类建立文件夹结构，更加方便浏览和管理。

实验 8-3 电子邮件的使用

任务：学会使用电子邮件服务

1. 实验目的

熟练掌握免费电子邮箱申请与使用的方法。

2. 实验任务

使用网页方式进行免费电子邮箱的申请注册，同时掌握电子邮件的收发操作。

3. 实验步骤/操作指导

（1）首先要注册一个电子邮箱账号，如图 8-11 所示。

图 8-11　网易 126 免费邮箱登录界面

（2）登录邮箱后单击“收信”后的页面，如图 8-12 所示，在其中可以阅读邮件内容。

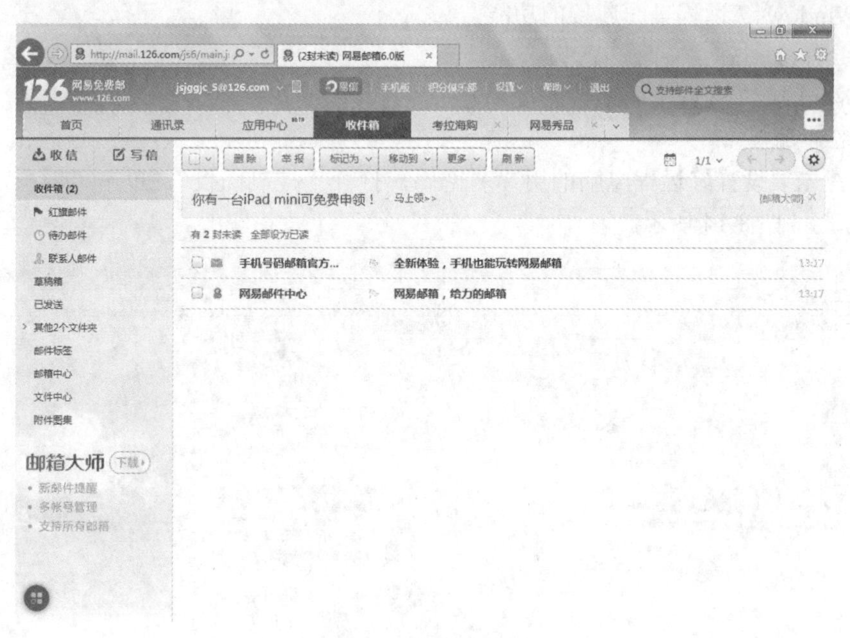

图 8-12　收件箱界面

（3）新建邮件，如图 8-13 所示。

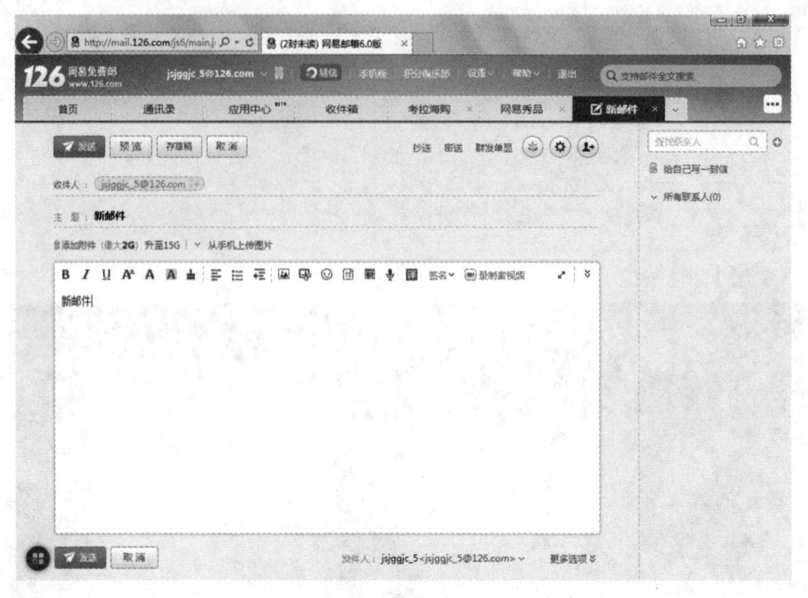

图 8-13 新建邮件界面

实验 8-4 远程桌面连接的使用

任务：掌握 Windows 7 远程桌面的应用

1. 实验目的

了解 Windows 7 远程桌面连接的功能。

2. 实验任务

掌握 Windows 7 远程桌面连接的设置方法和连接的操作。

3. 实验步骤

（1）首先要设置好远程电脑的用户名密码，打开“控制面板”，单击“用户账户和家庭安全”图标，如图 8-14 所示。

图 8-14 调整计算机的设置界面

（2）单击“为您的账户创建密码”按钮，弹出如图 8-15 所示的界面，输入你要设置的密码，单击“创建密码”按钮从而完成操作。

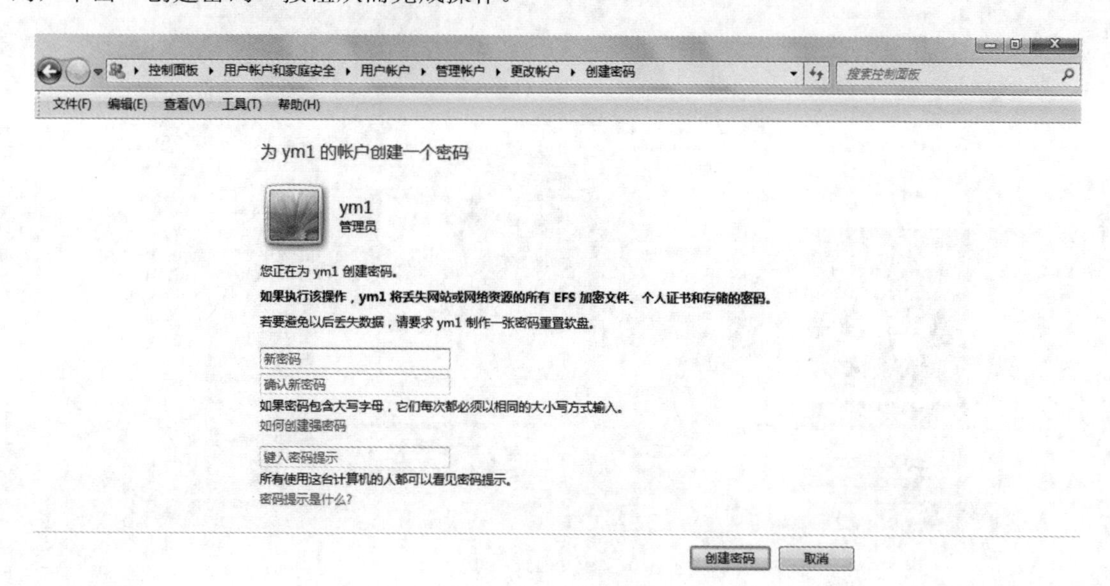

图 8-15　创建密码界面

（3）接着打开计算机属性，选择“远程设置”勾选“允许远程协助连接这台计算机”，勾选“允许运行任意版本远程桌面的计算机连接（较不安全）”，至此，被远程的计算机已经设置好了。

（4）打开操作电脑的远程程序，填写被远程的 IP 地址，例如：10.112.11.150，然后单击“连接”按钮，连接上以后，若提示输入密码，则输入密码后就可以远程桌面了。

实验 8-5　迅雷 7 的使用

任务：应用迅雷进行文件的下载

1. 实验目的

了解迅雷 7 的功能。

2. 实验任务

掌握用迅雷 7 下载文件的操作。

3. 实验步骤

（1）右键下载。

首先打开如图 8-16 所示的下载页面，在下载地址栏右击任一下载点，在弹出的右键菜单中选择“使用迅雷下载”命令。

这时迅雷 7 会弹出“新建任务”对话框，如图 8-17 所示。

此为默认下载目录，用户可自行更改文件下载目录。目录设置好后单击“立即下载”按钮，接下来就会弹出迅雷的下载操作页面，如图 8-18 所示。

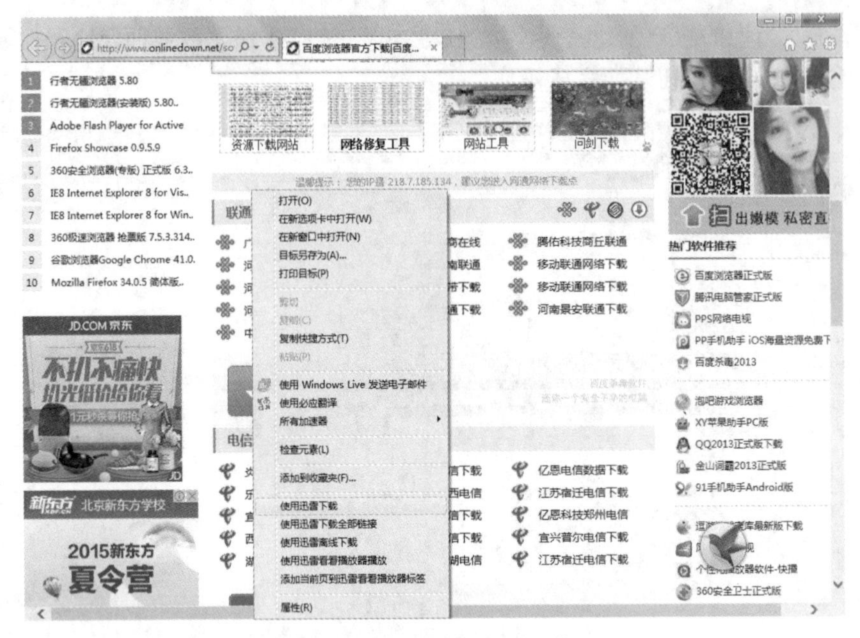

图 8-16　右击选择迅雷下载

图 8-17　“新建任务”对话框

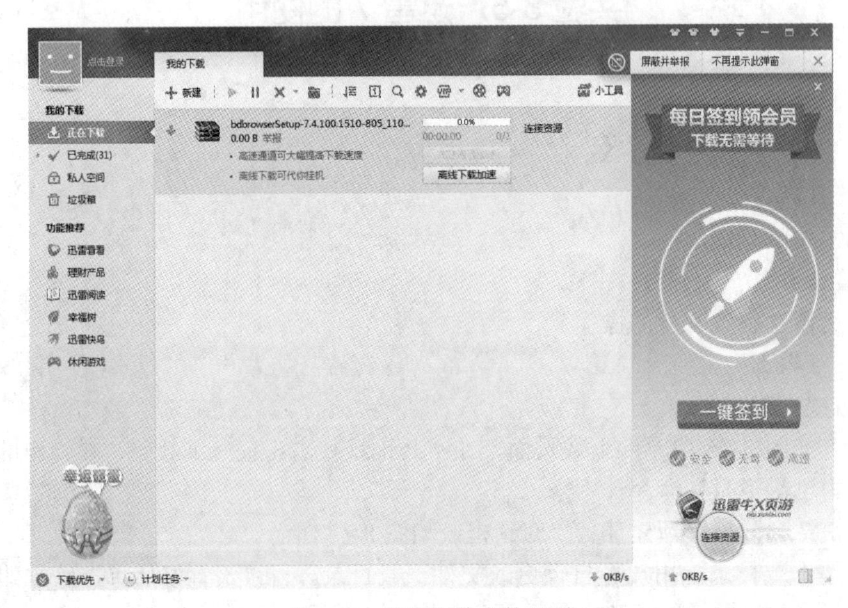

图 8-18　迅雷下载文件界面

下载完成后的文件会显示在左侧“已完成”的目录内，用户可自行管理。到此步骤为止，一个软件就下载好了。

（2）直接下载。

如果你知道一个文件的绝对下载地址，例如 http://dlsw.baidu.com/Baidusd_Setup.exe，那么你可以先复制此下载地址，复制之后迅雷 7 会自动感应弹出“新建任务下载”对话框。

也可以单击迅雷 7 主界面上的“新建”按钮，将刚才复制的下载地址粘贴在新建任务栏上即可直接下载。

参考文献

[1] 卢天喆．从零开始：Windows 7 中文版基础培训教程．北京：人民邮电出版社，2013．

[2] 杨继萍，吴军希，孙岩．Visio 2010 图形设计从新手到高手．北京：清华大学出版社，2011．

[3] 杨继萍，吴华．Visio 2010 图形设计标准教程．北京：清华大学出版社，2012．

[4] 高巍巍．大学计算机基础（第二版）．北京：中国水利水电出版社，2011．

[5] 贾宗福．新编大学计算机基础实践教程（第二版）．北京：中国铁道出版社，2009．

[6] 高万萍．计算机应用基础教程（Windows 7，Office 2010）．北京：清华大学出版社，2013．

[7] 张金秋．大学计算机基础教程（Windows 7+Office 2010 版）．上海：上海大学出版社，2012．

[8] 于冬梅．中文版 PowerPoint 2010 幻灯片制作实用教程．北京：清华大学出版社，2014．

[9] 吴华，兰星．Office 2010 办公软件应用标准教程．北京：清华大学出版社，2012．

[10] 王作鹏，殷慧文．Word/Excel/PPT 2010 办公应用从入门到精通．北京：人民邮电出版社，2013．

[11] 贾宗福等．新编大学计算机基础教程（第三版）．北京：中国铁道出版社，2014．